新型微纳传感器前沿技术丛书　　总主编　桑胜波

交流电沉积法及其在微纳器件中的应用

冀健龙　著

西安电子科技大学出版社

内 容 简 介

本书共5章，分为3个部分，分别为交流电沉积的研究进展及基础理论(第1、2章)，基于交流电沉积的纳米材料制备(第3、4章)，以及交流电沉积的纳米材料在微纳器件中的应用(第5章)。

本书不仅详细介绍了交流电沉积法的原理，还引申出微纳功能单元的形貌、结构控制参数与调控规律，进而为材料构-效关系研究奠定理论基础。本书可作为电子科学与技术专业的研究生教材，也可供相关领域的工程技术人员及研究人员学习参考。

图书在版编目(CIP)数据

交流电沉积法及其在微纳器件中的应用/冀健龙著. —西安：西安电子科技大学出版社，2022.8(2022.9重印)
ISBN 978-7-5606-6483-5

Ⅰ. ①交…　Ⅱ. ①冀…　Ⅲ. ①电沉积—纳米材料—应用—电子器件—研究
Ⅳ. ①TN6

中国版本图书馆CIP数据核字(2022)第087619号

策　　划　张紫薇
责任编辑　阎　彬
出版发行　西安电子科技大学出版社(西安市太白南路2号)
电　　话　(029)88202421　88201467　　邮　　编　710071
网　　址　www.xduph.com　　电子邮箱　xdupfxb001@163.com
经　　销　新华书店
印刷单位　陕西天意印务有限责任公司
版　　次　2022年8月第1版　2022年9月第2次印刷
开　　本　787毫米×960毫米　1/16　印张　10.25
字　　数　149千字
印　　数　501～1500册
定　　价　30.00元
ISBN 978-7-5606-6483-5 / TN

XDUP 6785001-2

前言
PREFACE

微纳制造科学与技术是研究特征尺寸在微米、纳米范围，并具有特定功能的器件与系统的设计与制造的一门综合性交叉学科，其快速发展为微纳器件的集成化、智能化、柔性化提供了源源不断的动力。一个典型的微纳器件不仅在尺度上可能由微米级跨越至原子级，还可能涉及多种材料的异质制造，并最终实现具有不同原理与功能的器件集成。

微区域内的交流电沉积是近些年发展出的一项面向微纳器件集成化制造的纳米材料制备方法。源于尺度效应，运用该方法可在施加较小电压时，获得较高的电场强度，从而影响并改变双电层结构及电化学反应传质过程。与此同时，交流电沉积发生在由微电极所定义的微区域内，由电极与所制备材料构成的功能单元，天然具有定位、定向特性。因而，交流电沉积在一定意义上也是微纳米材料的操控及组装技术。

本书旨在介绍微区域内的交流电沉积的基本机理，以及交流电沉积在微纳器件中的应用。本书首先从传统电化学的角度介绍交流电沉积的基本机理。为区别于直流电沉积过程，2.2 节和 2.3 节着重阐述了交流电参数，如交流电压幅值、交流电压频率、直流偏置电压等对电化学传质过程的影响。由于微流体对流也是微区域内电化学反应的重要影响因素，因此，2.4 节还详细分析了交流电渗这一典型对流传质方式对电化学沉积过程的潜在影响规律。在此基础上，第 3 章介绍了基于交流电沉积金纳米材料的制备方法，从理论、仿真、实验等多个角度讨论了纳米材料的形貌与结构控制规律。第 4 章介绍了基于交流电沉积有机半导体材料的制备，包括有机半导体膜在微流控芯片内的原位制备、基于双极电化学的阵列化有机半导体膜制备以及基于离子液体的具有水溶液高稳定性的半导体膜制备。第5章则重点介绍了金纳米材料与有机半导体材料在微纳器件中的典型应用，如表面增强拉曼散射基底与有机电化学晶体管等。

本书采用了大量的图、表，以辅助读者理解相关概念。读者需具有一定的电化学、微流体以及半导体物理相关领域的基础知识。需要说明的是，本书部分仿真模拟图和表中的物理量、单位未采用国标，请读者留意。本书主要由本人及合作课题组的研究内容构成。在此特别要感谢清华大学杨兴教授，东北大学舒扬教授，以及北方民族大学花儿教授对于本书相关研究内容的帮助和支持；同时，感谢李芒芒、付银鹏、王红旺、朱晓贤等在课题研究中的努力和付出；另外，感谢曾平君与彭钰博为本书图片的编辑以及格式的编排提供了大量帮助。由于作者水平和经验有限，书中不妥之处在所难免，恳请读者批评指正。

作　者

2022年1月

目　录
CONTENTS

第1章 交流电沉积的研究进展

1.1 电沉积纳米材料

21世纪是纳米科技的世纪。发展纳米技术，材料是基础。在过去的几十年中，对纳米材料的研究已获得飞速发展。这些研究提升了人类认识和改造微观世界的水平。纳米材料的制备方法多种多样，大体可以分为物理法、化学法和辐射法三类。物理法主要有离子溅射、分子束外延、球磨法、激光蒸发/凝聚等，这些方法的特点是可控性强。但是，高真空条件使得物理法所用设备比较昂贵。化学法主要包括水反应法、化学气相沉积法、溶胶凝胶法、沉积法、微乳液法、超临界流体迅速扩张法和生物化学法等。这一类方法相比物理法，成本较低，操作简单，但是依赖于复杂的环境条件。辐射法包括紫外辐射、红外辐射、激光辐射、粒子射线辐射等，更适用于一些特殊纳米材料的制备。

电沉积也是一种制备纳米材料的重要方法。电沉积之所以适合制备纳米结构，有以下几方面的原因。首先电沉积是在常温下进行的，能够避免材料内部因高温引起的热应力，有效抑制晶体生长，达到细化晶粒的效果。其次，根据法拉第定律可知，电沉积量与消耗的电荷量成正比，所以该方法可以精确控制纳米材料的电沉积量。最后，利用电沉积可以制备包括金属、半导体、金属氧化物、金属氮化物、多孔硅和复合材料在内的多种材料的不同纳米结构，如(零维)纳米粒子、(一维)纳米线、(二维)纳米薄膜等。通过控制电化学参数，该方法还能精确地控制电化学结晶的组分、组织结构、晶粒大小。电沉积的整个工艺过程简单，技术困难小，易于推广应用，可作为其他制备方法的重要补充。

通常，电沉积可细分为直流电沉积、脉冲电沉积、喷射电沉积以及复合共沉积几种。其中，直流电沉积一般通过调整电流密度、控制阴极极化，从而获得所需电化学晶体材料。脉冲电沉积还可分为恒电流控制和恒电位控制两种。通过控制脉冲的频率、波形、通断比等电学参数，研究者可以调整和控制电化学结晶的形貌和结构。喷射电沉积是一种局部高速电沉积技术，它通过具有一定流量、一定压力的电解液冲击电化学池内的电极表面来实现电沉积。喷射电沉积的优点是可对镀层进行机械活化，有效控制电极表面的扩散层厚度。最后，复合共沉积是在电解液中加入某种不溶的纳米颗粒，并使该颗粒与金属离子共同沉积的一种电沉积方法。上述所有电沉积的共同点是：纳米结构只能在金属电极表面制备。

不同维度的纳米材料在用途上有着巨大差异。相比微机电系统(MEMS)技术，电沉积可以在常温或空气条件中进行，成本较低，在二维纳米材料的制备中具有明显优势。二维纳米半导体如硫化物或硒化物薄膜可以作为太阳能电池的窗口材料，而使用复合共沉积和电化学原子层外延法可以方便地制备这类材料[1]。现已证实 CdSe 以及 CdS 可在 Au 及 Pd 表面上实现电沉积[2-4]。再如，WO_3 是一种优异的电致变色和光致变色材料。利用电沉积这一低成本技术制备的 WO_3 半导体薄膜与基片结合牢固，纳米晶的粒径分布可通过电流密度和温度来控制[5]。电沉积制备的多孔纳米晶半导体层如 TiO_2、ZnO 被广泛应用在染料敏化太阳能电池中[6]。

一维纳米材料如纳米线、纳米棒、纳米管是制备纳米级电子器件的重要组成部分。一维纳米材料由于具有较大的表面积比和特殊的电子输运性质，非常适于构建生物化学传感器、谐振器、场效应管等微纳米器件，因而被广泛应用于物理化学和生命科学研究领域。用传统电沉积制备一维纳米材料常常需要借助多孔氧化铝(AAO)作为模板。利用该模板，研究者分别制备了金属材料(如铜[7]、银[8]、金[9]等的纳米棒和纳米线[10-11]以及镍纳米管[12])，半导体纳米材料(如 ZnO 纳米线[13]、TiO_2 纳米管阵列[14]、RuO_2[15] 纳米管阵列)，以及导电聚合物(如聚吡咯纳米棒，聚苯胺纳米管[16]等)。除了 AAO，其他的模板还包括多孔聚碳酸酯膜[17]、胶体晶体[18](如液晶[19])等。研究者亦尝试在 AAO 模板中进行交流电沉积，如 Routkevitch 等使用交流电沉积在 AAO 模板内制备了 CdS 纳米线[20]，David 等则制备了金属-CdSe-金属复合纳米线[21]。

半导体纳米晶是零维的量子点，其激发电子-空穴对的空间分布被限制在很小的空间内，导致非线性光学性质很强。零维纳米材料的量子限制使得态密度转换为一系列离散量子能级，这是半导体激光材料的研究基础。另外，半导体纳米晶由于尺寸小，其电学特性明显受到单电子输运的影响，这为研究和制造单电子器件提供了条件。除此之外，直接甲醇型燃料电池，因可携带、构造简单、易于操作等特点而备受关注。其中一个重要的研究方向是一氧化碳的电氧化。贵金属如金、铂的纳米晶有很强的燃料电池催化活性，可有效消除甲醇氧化过程的一氧化碳。目前，该领域的贵金属纳米晶主要通过电化学方法制备。例如，文献[22]报道了在 Au(111)基底上修饰的 Ru 的纳米岛；文献[23]报道了在离子交换膜的碳层上电沉积的 Pt-Ru 纳米颗粒；文献[24]和[25]报道了使用铂-钌(Pt-Ru)双金属纳米晶作为催化剂。

1.2 交流电沉积纳米材料

相比上述方法，交流电沉积的研究进展较为缓慢。造成这一现状的主要原因是，一方面电沉积正负周期交替，过电位不易控制，因而纳米结构形貌的可控性有待进一步改善。另一方面，交流电沉积相关的理论发展缓慢，相关测试仪器、资源也非常匮乏，这也导致交流电沉积的可控制备方法难以在较短的时间内形成突破。早期关于“交流电沉积纳米材料”的文献报道也主要集中于模板法制备一维纳米材料这一研究领域。无模板交流电沉积纳米材料的报道相对较少。厦门大学王翠英和陈祖耀[26]以不同种类的金属丝为电极，采用交流电沉积分别制备了 ZnO、Fe_3O_4、$Mg(OH)_2$ 等多种氧化物、氢氧化物，但由于电极间距达到厘米级，所需的驱动电压较大，实验中产生了电弧放电和阳极熔化现象。

微区域内无模板交流电沉积是近些年兴起的一项面向微纳器件集成化的电

化学纳米材料制备技术。2005年，Cheng小组[27]首次报道，使用交流电可在预制电极之间制备纳米线。他们采用乙酸钯溶液和羟乙基哌嗪乙硫黄酸缓冲液成功制备了直径为100 nm的钯纳米线。研究发现当电极之间的交流电压大于(8～10) V_{rms}(V_{rms}指有效电压)时，钯纳米线才能生长。当交流电压频率大于300 kHz时，钯纳米线才是光滑、一致、分叉少的纳米线。他们认为纳米线形貌的频率依赖性源于高频时钯离子对于外电场的响应；相比之下，低频时离子的布朗热运动相对更加明显。2006年，Ranjan小组使用2 V_{pp}(V_{pp}表示峰峰值电压)、300 kHz的交流电压，从醋酸钯中制备了直径为5～10 nm的钯纳米线[28]。Ranjan等从介电泳力组装角度对微区域内交流电沉积纳米线的现象进行了阐述，并认为钯离子水合物在交流电场作用下将受到介电泳力的作用，因而纳米线倾向于在电场梯度较大的区域生长，如图1-1所示。

图1-1 交流电压为2 V_{pp}、电极间距为5 μm时制备的钯纳米线原子力显微镜图[29]

直接电化学纳米线组装(Directed Electrochemical Nanowire Assembly, DENA)的概念最早由堪萨斯州立大学的Flanders小组于2006年提出。该小组首先从醋酸铟电解液中电沉积了直径约为360 nm的单晶体铟纳米线[30]。2007年，为了拓展该方法的应用，该小组进一步从$HAuCl_4 \cdot 3H_2O$电解液中交流电沉积了直径为140 nm的金纳米线[31]，如图1-2所示。他们还发现降低诱导电压可抑制枝晶分叉的实验现象。基于枝晶凝固理论，他们进一步阐述了驱动纳米线生长的阈值电压与电解液浓度之间的反函数关系。2008年，路易斯安那大学的 Lu 小组[32]发现，除了从电解液中电沉积金属，还可使用电解的方法从电极获取金属离子再进行沉积，以实现纳米线生长。交流电沉积中，电极依次经历阳极溶解和阴极沉积两个过程。一个信号周期内，阳极溶解和阴极沉积的原子量不同，这使得交流电沉积成为可能。他们通过实验发现：当电极两端只施加直流偏置电压时，电化学结晶的形态以电极上形成薄膜为主；在直流偏置电压上叠加交流电压时才能制备纳米线；直流偏置电压越大，形成纳米线的时间越短；当直流偏置电压低于 1.5 V 时，无法制备纳米线，他们认为这主要是因为 Au^{3+}/Au 的还原电位约为 1.53 V。这也是首次报道使用交流电压叠加直流偏置电压的方法来制备纳米线。

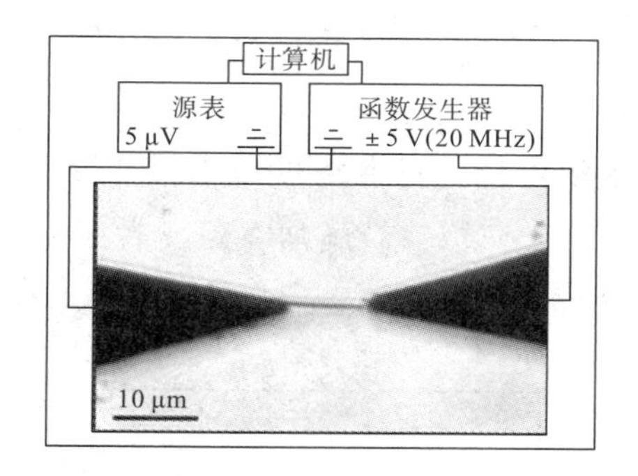

图 1-2　无模板交流电沉积纳米线的实验设置示意图[30]

枝晶凝固理论和介电泳力组装理论是交流电沉积机理研究领域最具代表性的成果。Flanders 小组报道了交流电压频率与占空比对纳米线生长的控制作用[33]，并第一次量化了晶体生长的交流电压频率阈值，这意味着只有当交流电压频率大于该阈值时才可能有结晶产生。交流电压频率阈值 f_c：

$$f_c=\frac{j_o^2}{4D(C_0-C_{\text{Int}})}\frac{(1-P_R)^2}{P_R^2} \tag{1-1}$$

式中，D 为离子的扩散系数，C_0 为离子在电解液本体的浓度，C_{Int} 为斯特恩层内离子浓度，j_o 为正半周期内电极发生氧化形成离子的流量密度，P_R 为离子发生还原反应的概率。

文献[34]报道了以扩散控制假设为基础，基于枝晶凝固理论得到的交流电压角频率、枝晶半径、电解液浓度与纳米线生长速度之间的关系：

$$v_{\mathrm{obs}}(\omega)=D\left(\frac{C_0-C_{\mathrm{Int}}}{\rho_{\mathrm{m}}-C_{\mathrm{Int}}}\right)\left(\frac{1}{2R_\omega}+\sqrt{\frac{2\omega}{\pi D}}\right) \tag{1-2}$$

式中，ρ_{m} 为金属沉积的数量密度，D 为离子的扩散系数，R_ω 为枝晶半径。纳米线生长速度（$v_{\mathrm{obs}}(\omega)$）分别与交流电压角频率的平方根（$\omega^{1/2}$）、电解液本体浓度（C_0）线性相关，与等效的枝晶直径（$2R$）成反比关系。之后，Flanders 小组讨论了交流电沉积过程中的双电层漏屏蔽现象[35]：

$$V(x')=\alpha V_0\left(1-\frac{x'}{L_0}\right)+(1-\alpha)V_0\mathrm{e}^{-\rho x'} \tag{1-3}$$

公式中 $x'=\frac{eE_0}{k_{\mathrm{B}}T}x$。其中，$e$ 为元电荷量，$E_0=V_0/L_0$ 是假设电场均匀分布时的电场强度，V_0 是交流电压幅值，L_0 为电极间距，α 为电场屏蔽系数，k_{B} 为玻尔兹曼常数，T 为温度。

分析表明：本体溶液内任一点电势可分成两部分。由于双电层的屏蔽作用，一部分电势压降（$(1-\alpha)V_0\mathrm{e}^{-\rho x'}$）施加在距离表面 ρ^{-1} 以外的本体溶液内，另一部分则被双电层所屏蔽（见图 1-3）。

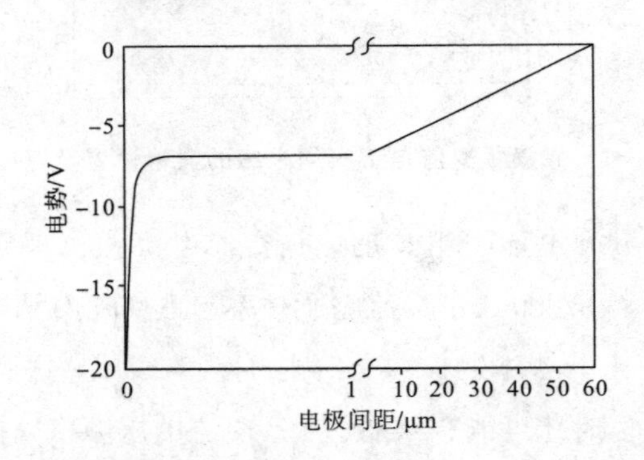

图 1-3　根据式(1-2)计算得到的溶液内的电势分布[35]

由于各向异性材料各个晶向上的表面能不同，枝晶倾向于沿着垂直于最大表面能晶面的方向生长。但对于各相同性材料，各晶向上不存在能量分布差异，因此，在自然状态下的生长是没有方向性的。这就无法完全使用枝晶凝固理论对实验现象进行解释。

介电泳力组装理论认为金属阳离子与溶液中的阴离子会形成离子氛络合

物[28]。电场作用下，络合物会进一步形成电偶极子，而电偶极子将受到介电泳力的作用。交流电第二个半个周期，电场反转时，电偶极子方向发生变化，但受到的介电泳力方向不变。这种作用可通过中性均匀介质球在交变电场中受到的介电泳力进行描述：

$$F_{\mathrm{DEP}}=4\pi\mathrm{Re}[K(\omega)]r^3\ \nabla\left(\frac{\varepsilon E_{\mathrm{rms}}^2}{2}\right) \tag{1-4}$$

式中，F_{DEP}表示介电泳力，ε 表示介质的介电常数，r 表示电偶极子微球半径，ω 表示交流电场的角频率($\omega=2\pi f$)，E_{rms}表示有效电场强度，$K(\omega)$是 Clausius - Mossotti 因子。根据式(1-4)可知，介电泳力与电场强度梯度、交流电压频率、颗粒的体积、介质的介电常数有关。基于该理论计算得到的介电泳能量比随机热动能高 8 个数量级(见图 1-4)。这可能源于两个因素：首先，纳米线尖端双电层内的电场强度要比本体溶液中的大很多；其次，纳米线尖端的小曲率将有效地增加电场强度的梯度。然而根据现有的报道，介电泳力可以操控的最小中性分子为 DNA，其长度约为几十个核苷酸或几个纳米[36]。对于直径不足纳米的离子水合物，介电泳力能否克服流体黏性和自身的布朗热运动，成为主导的作用力，仍需进行深入研究。Ranjan 小组[28]还观察到纳米线生长需要满足频率窗口和电压阈值条件。持有同一观点的还有 Nerowski 小组[37]，该小组使用 K_2PtCl_4 中性络合物粒子进行实验时发现纳米线的生长速度依赖于环境温度和电解液浓度。

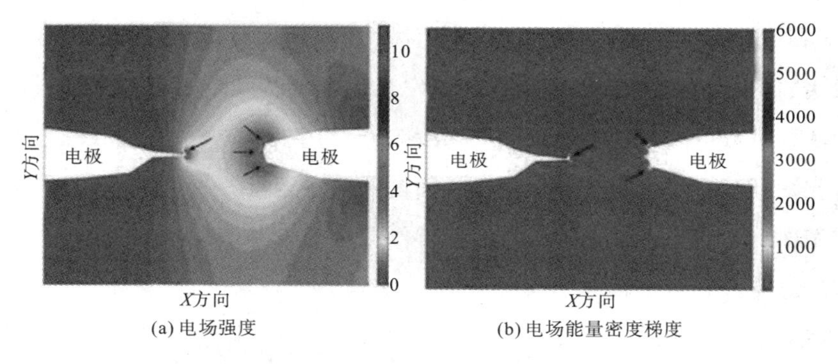

(a) 电场强度　(b) 电场能量密度梯度

图 1-4　电场强度和电场能量密度梯度分布的仿真计算[28]

作为一项新的纳米材料制备技术，不断有文献报道新的实验现象和机理解释。2011 年 Kawasaki 小组[38]在氯铂酸里加入氯化钠作为添加剂，制备了具有完整结构的纳米枝晶。他们发现该模式下枝晶生长的过程不完全符合传统的枝晶凝固理论。枝晶凝固理论认为枝晶的分形维数、直径以及生长速度均可通过电压幅值来控制。但是，通过交流电沉积制备的枝晶维数由电压幅值控制，而生长速度和直径则由交流电压频率控制。正因为此，交流电沉积为控制枝晶生长的形貌提供了更多参数组合选择。经过分析，他们认为枝晶生长的过程是介电泳力和枝晶凝固共同作用的结果。枝晶凝固的过程受到了电化学传质的影响，而介电泳力主要控制着枝晶生长过程中的物理弯曲过程。

在形貌控制方面，文献[39]着重研究了制备纳米线过程中电场强度对晶体形貌的影响。研究表明纳米线直径与交流电压频率的关系为

$$d_{\omega}=\frac{2\sqrt{2\widetilde{D}St}}{\sqrt{f}} \tag{1-5}$$

式中，d_{ω} 为枝晶直径；f 为交流电压频率；S 为史蒂芬数；t 为电沉积时间；$\widetilde{D}=\frac{k_{\mathrm{B}}T}{3\pi\eta d_{\mathrm{p}}}$，其中，$k_{\mathrm{B}}$ 是玻尔兹曼常数，T 是热力学温度，η 是室温下的流体黏度，d_{p} 是晶粒直径。

由于生长的纳米线会在尖端诱导电场不断增强，从而使得晶体成核率提高，所以一般用于生长纳米线的电极结构不能很好地控制晶体形貌。为了改善形貌控制，研究者建议首先使用交流电沉积法制备纳米线，再使用电子束光刻(Electron Beam Lithography，EBL)技术制备压覆电极。图 1-5 所示为交流电沉积法制备的超长纳米线[39]。实验还发现：纳米线以及枝晶的生长速度要高出理论计算数值很多。这可通过 Cuniberti 小组关于电渗流在传质中作用的相关研究得到解释[40]。具体地，电极表面的物质输运可分为三个部分，即介电泳力作用区、交流电渗作用区和扩散传质作用区。其中，基于交流电渗的扩散传质作用对于大颗粒络合物尤其明显。

我们的研究小组在该领域也做了一些研究工作，先后实现了金纳米材料、金-银双金属纳米材料、有机半导体材料的交流电沉积，并且在交流电沉积过

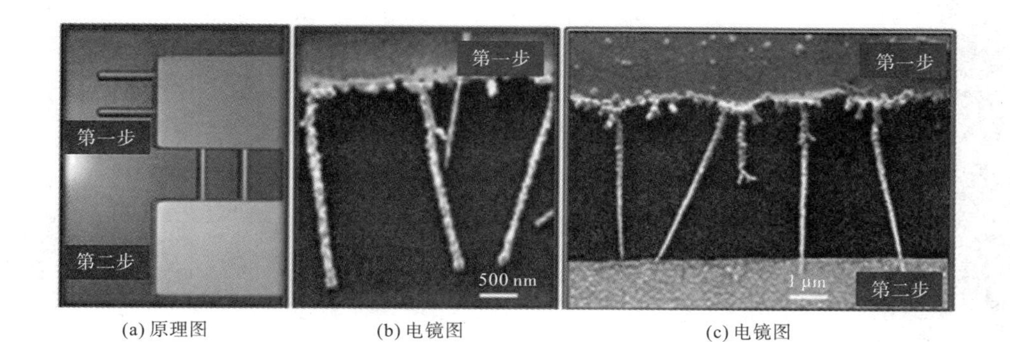

(a) 原理图　(b) 电镜图　(c) 电镜图

图 1-5　交流电沉积法制备的超长纳米线

程的传质调控领域做了一些有益的探索。基于交流电沉积法以及上述纳米材料，我们还开展了微纳器件方面的应用研究。尤其是在有机电化学晶体管(OECT)研究领域，我们采用交流电沉积法实现了器件结构优化以及 OECT 器件阵列化。本书接下来将按照这个思路逐步展开介绍，对这些工作细节有兴趣的读者也可以查阅本书作者发表的相关研究论文。

第2章　微区域内交流电沉积基础理论

2.1 引　言

本书第1章内容介绍了微区域内交流电沉积法制备纳米材料的研究进展。该方法自2005年被提出，近20年来得到了快速发展和应用，这得益于MEMS技术与电化学方法的快速融合。一方面，当电沉积反应发生在微区域内时，较小的电极电势(或称电位)便可产生较大的电场强度；另一方面，交流电场中的双电层会漏屏蔽一部分电压。这部分电压作用在本体溶液当中，对电化学系统的物质传递过程有着重要影响。值得注意的是在交流电场作用下，界面双电层的结构在正、负半周期循环中不断地被建立和打破，使电化学反应物质传递过程以及电化学反应控制步骤的分析变得复杂。因此，为了便于读者深入了解交流电沉积的工作原理以及纳米材料形貌与结构的调控规律，本章将简要介绍传统电化学沉积与电流体动力学基础理论。

2.2 电化学沉积基础理论

研究交流电沉积纳米材料的电化学机理，需要先了解传统电沉积的电化学结晶(电结晶)、晶体生长和枝晶凝固理论。

2.2.1　电化学结晶

一般情况下，金属离子在电解液中处于水合或者络合的状态[41]。在直流电场作用下，金属离子朝极性相反的电极运动。金属离子在电沉积之前，要先运动到双电层以内，再脱离水化或络合状态，随后，经历一个与阴极上电子结合使阳离子放电的过程，进而变成吸附原子。这些吸附原子由于高温放电具有很高的能量，会以表面扩散或者台阶转换的方式进入晶格。1949 年，Frank 提出了表面螺旋型位错露头的晶体生长模型。随后，Fischer 提出了晶体生长的二维形核模型。Vetter 进一步指出，过电位是直流电沉积过程中晶体生长的驱动力。直流电沉积是溶液中的金属阳离子在直流电场作用下，经电极反应还原成金属原子并在阴极上进行沉积的过程。直流电沉积分为三个步骤：液相传质（简称传质）、表面扩散和晶体生长。其中，传质发生在双电层外，而表面扩散、晶体生长发生在双电层内，如图 2-1 所示。

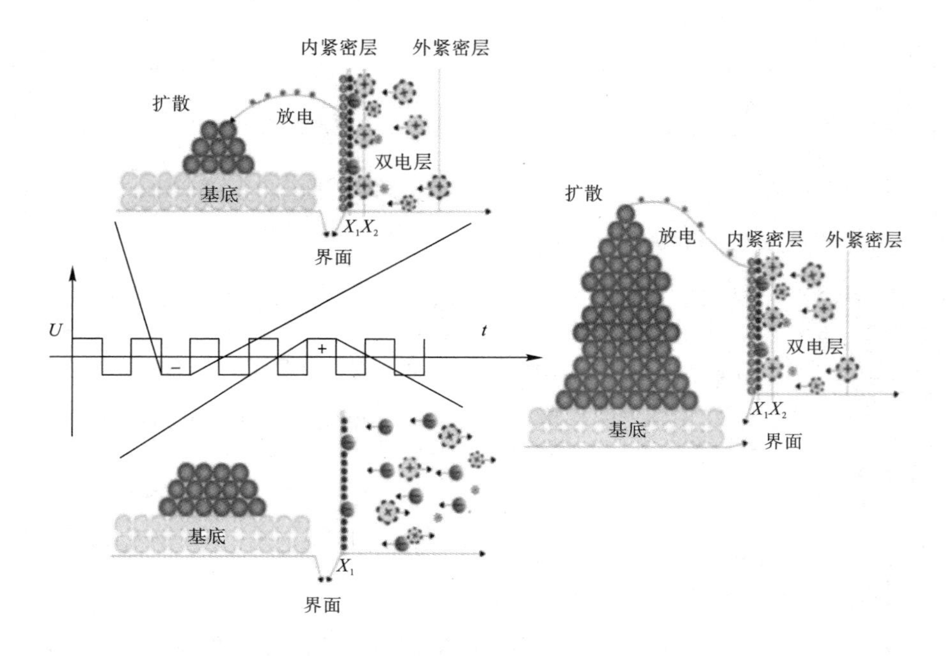

图 2-1　交流电沉积电化学结晶示意图

传质过程中，溶液中的水化金属阳离子或络合物离子从溶液内部向相反极性电极界面迁移扩散。能斯特-普朗克方程详细描述了传质过程的组成，即扩散、迁移和对流。能斯特-普朗克方程为

$$j_i = -D_i\ \nabla C_i - \frac{z_i F}{RT} D_i C_i \nabla \phi + C_i v_{对流} \tag{2-1}$$

式中，j_i 是第 i 种离子所引起的电流密度，z_i 是第 i 种带电离子的电荷数，D_i 是第 i 种带电离子的扩散系数，C_i 是离子浓度，u_i 是离子淌度，ϕ 为溶液电势，$v_{对流}$ 是溶液的对流速度，z_i 为第 i 种离子的电荷数，F 为法拉第常数，R 为理想气体常数，T 为热力学温度。

离子到达双电层溶液一侧后，水化金属离子或络合离子要通过双电层并去掉其水化分子或配位体层，最终通过与电子结合生成吸附原子。吸附原子可以经表面扩散，达到电极表面的缺陷、扭折、位错等有利部位再进入晶格。而表面扩散速度（v_{sd}）是受过电位控制的：

$$v_{sd} = k_1 V(\zeta) \tanh\left(\frac{\delta_{step}}{\lambda_{sd}}\right) \tag{2-2}$$

式中，k_1 是反应常数；δ_{step} 是相邻台阶之间的距离；λ_{sd} 是表面扩散速度；$V(\zeta) = \frac{ze\zeta}{RT}$，$\zeta$ 表示电极过电位，z 为电荷数。扩散原子也可以聚集在一起形成新的晶核，对应于核化过程。但新形成的原子团簇内原子个数（N_{crit}）需要满足一定条件才能成核，并继续长大，即

$$N_{crit} = \frac{288\pi V_m^2 \tilde{\sigma}^3}{27(ze|\zeta|)^3} \tag{2-3}$$

式中，$\tilde{\sigma}$是表面能，V_m 是原子在晶格中占据的体积。由此可知，成核率（J）是与过电位相关的。对于三维成核模型，可以进一步得到，以过电位为因变量的函数表达式：

$$J = k_2 \exp\left(-\frac{N_{crit} ze\zeta}{2kT}\right) \tag{2-4}$$

式中，k_2 是反应常数。只有当过电位大于成核过电位时，新的晶核才能形成。一旦过电位超过成核过电位，成核率将会随着过电位增加而指数增长。还原的金属原子结合到晶格中生长，此过程称为晶核的生长过程。结晶形态特征的形

成和进一步发展称为相转移过程。

2.2.2　晶体生长

根据不同的界面结构，晶体生长可能以两种不同的机理进行，即二维(三维)成核生长机理和螺旋位错生长机理。二维(三维)成核生长机理指出，溶液中的金属离子运动到理想界面上放电时，界面上不存在台阶、位错。吸附原子只能聚集一起形成临界晶核。临界晶核不断生长，最终在界面上形成台阶。之后形成的吸附原子会沿台阶一维扩散到纽结处，最后进入晶格。纽结不断延伸，生长面最终被新的晶层覆盖。

根据式(2-4)可以得到成核时间：

$$\tau_{\mathrm{nuc}}=(AJ)^{-1} \tag{2-5}$$

式中，A 为电极面积。如果平均成核时间大于单层台阶扩展的时间，每一个晶核都有足够的时间在下一个晶核产生前在平面内展开，此时每一层台阶都是由一个晶核生长而成的。相反，如果晶核的成核速度大于台阶的扩展速度，那么每一层台阶就会包含多个晶核。

实际上，与溶液接触的晶体表面不是完整的、原子级光滑的，因而，螺旋位错生长机理认为：实际晶体表面存在着螺旋位错露头点，它可以直接作为晶体生长的源头，并且，螺旋位错露头点在生长过程中绕着位错线回旋扩展，因而始终存在，是可重复生长的位点。

2.2.3　枝晶生长

理解枝晶生长首先要搞清楚速度控制步骤的概念[42]。现已证明：当过电位较低时，金属电沉积的反应控制步骤是表面扩散。相反，在高电流密度下，金属电沉积的反应控制步骤通常为电荷传递。这是因为，当电流密度增大时，表面扩散速度也增大，即有

$$D_0\frac{C_b-C_e}{\delta}=\frac{i}{\hat{n}F} \tag{2-6}$$

式中，D_0 表示电沉积离子的扩散系数，$\hat{n}$ 为电极上的电子转移数，C_b 为本体溶液阳离子浓度，C_e 为阳离子在电极表面的浓度，δ 为浓度变化距离。公式(2-6)称为菲克定律，据此，球形扩散的极限电流为

$$i_{极限}=\frac{D_0\hat{n}F}{\delta}C_b \tag{2-7}$$

当外加一个大于枝晶形成的临界过电位时，电极表面的晶体可能经历螺旋型生长。如果螺旋尖端进入具有球形特征的扩散层，晶体将以相应于球形扩散的速率生长。此时，螺旋尖端处的电流密度较之在平面上的电流密度大得多。这样，与枝晶周围的其他晶体相比，螺旋尖端具有更快的生长速度。另外，由于侧边的曲率半径较大，根据式(2-7)可知枝晶尖端的最大生长速度可能比侧边大几个数量级。综上所述，过电位直接影响直流条件下的电结晶形态与晶体的结构与取向，而晶体结构特征将最终决定晶体的物理化学特性。

2.3 结晶形貌调控参数

实际应用中，电沉积纳米结构的表面形貌及物化特性会受到诸多电化学参数的影响，如：金属离子浓度、添加剂类型、金属盐种类、电解液 pH 值、电流密度等。其中一些电化学参数还会随着电沉积过程的进行而发生变化，包括：金属离子浓度、电解液 pH 值、电解液温度、阴极析氢、阳极气体析出等。具体工作中一定要结合实际情况予以分析。

2.3.1 电流密度

Damjanovic[43]等研究了铜电极表面上电化学结晶生长形态随电流密度的变化规律。当电流密度增大时，Cu(111)电极表面上的电化学结晶生长形态从三角棱锥状向六角棱锥状转变，并且，电化学结晶的表面粗糙度随着过电位增大而减小。Watanabe[44]认为对于镀膜而言，电流密度是影响镀层微观结构形貌的主要

因素。电流密度小，意味着单位面积、单位时间内放电的金属离子数量少，并且，金属离子优先在凸点放电、还原和生长，所以得到的镀层粗糙度较大。相反，电流密度大则意味着单位面积、单位时间内有大量的金属阳离子在整个阴极表面放电。另外，由于电荷之间的排斥作用，阳离子会在阴极表面均匀分布，从而可获得粗糙度较小的光滑镀层。另外一些学者[45]则认为过电位是影响电化学结晶生长形态的关键电化学参数。他们认为电极过电位决定着控制晶体生长形态的一系列关键因素，例如，吸附原子浓度、成核率(见式(2－4))、晶体生长过程中具有活性的台阶数目以及表面扩散速度(见式(2－2))。Nikoli 等[46]系统研究了电解液离子浓度与电流密度、过电位的关系，以及析氢对过电位的影响，并提出了等效过电位的概念。

2.3.2　阴离子种类

电解液阴离子的种类对电沉积的结果有着重要的影响[44]。譬如，Zhang 等[47]进行选择性电沉积实验，当使用焦磷酸铜作为电解液时，碳纳米管表面和电极表面均会有电结晶产生。但是当使用硝酸铜作为电解液时，只在金属电极表面上有电结晶产生。学术界将电解液的这种能力称为覆盖能力。在镀镍和镀钴的实验中，硫酸盐电解液中得到的镀层是光滑的，氯化物电解液中得到的镀层是带尖锐凸点的粗糙表面。当电流密度较小时，该现象尤为明显。

阴离子种类对表面形貌的影响机制过于复杂，目前还没有一致的结论。Winand 曾提出阴离子的阴极异常吸附理论。Watanabe 的实验研究则发现，电化学结晶的表面形貌不仅受到阴离子的分子量及分子尺寸的影响，还与电解液黏度以及阴离子的扩散速度有关。当电解液含有大尺寸阴离子(如硫酸根离子)，电解液黏度高时，易形成波状表面。当电解液含小尺寸阴离子(如氯离子)，电解液黏度低时，易形成粗糙表面。当阴离子尺寸较大时，阳离子向阴极的运动，以及阴离子向阳极的运动容易产生干涉，导致离子分布均匀化与衬底表面放电的分散化，这易形成光滑的表面镀层。小尺寸的阴离子与阳离子之间相互干涉程度小，阳离子趋向于凸点上集中放电，进而导致大的表面粗糙度。

2.3.3 添加剂

电解液中表面活性物质(添加剂)的存在对电化学结晶的生长形态有明显的影响。添加剂的作用在于它能够覆盖生长层的活性位点，抑制基体表面上的台阶扩展。添加剂的吸附作用不仅与晶体的物化性质如晶面取向、位错数目有关，而且与电流密度和添加剂的浓度有关。例如，当添加剂的浓度较大时，新晶核形成所需的活化能可能比旧的晶层要小一些。所以，新晶核的数目多、尺寸小，形成的晶体是晶粒细小的多晶结构。一般而言，无机阴离子添加剂更加有利于形成粗大的枝晶。

2.4 微流体基础理论

微区域内的交流电沉积与传统的电沉积的区别，一方面体现在微区域内电场强度比较大，另一方面体现在交变的电场可能引起电动力流体。这些现象均会改变电化学体系的传质过程。

2.4.1 双电层

金属电极和溶液界面形成的双电层，从结构形式分析可分为离子双电层、表面偶极双电层和吸附双电层三种。电化学沉积过程中，更关注的是离子双电层。金属电极与含有金属离子的溶液接触时，在电极表面发生法拉第反应，该反应以氧化或还原反应为主。如果氧化反应起主导作用，那么电极将失去电子而带正电荷。因为金属电极内部电导率很高，其内部不允许建立大范围的空间电荷区。所以，正电荷必须位于电极表面，且吸引本体溶液中的阴离子到电极表面附近，从而建立离子双电层。这一过程的结果是，金属电极内部与溶液将具有不同的电势。如果在浸于同一溶液的工作电极和电极对之间施加外部电压，电极的平衡电势将被破坏，双电层内的电荷将增加或减小，甚至改变符号。流经电极的电流除了对双电层充电外，还可能参与电极上的电化学反应。如果将电极浸于氧化还原电势较高的含有离子的水溶液中，并且电极电位低于离子的氧化还原电位时，改变电极电势只能改变双电层内的电荷数。

关于双电层，研究者先后提出了一些经典的理论模型[48]。

(1) 平板电容器模型。19 世纪末，亥姆霍茨(Helmholtz)就曾提出“平板电容器”模型，或称为“紧密双电层”模型。电极表面上和溶液中的剩余电荷紧密排列，分布两侧，形成类似于平板电容器的双层结构。这种模型可以解释界面张力随电极电位的变化规律，以及微分电容曲线上的平台区，但是无法解释为什么微分电容在稀溶液中会出现极小值。

(2) 古依-查普曼模型。古依(Gouty)和查普曼(Chapman)各自提出了“分散双电层”模型(人们将他们提出的模型称为 Gouty－Chapman 模型)。他们认为，受离子热运动的影响，溶液一侧的剩余电荷不可能紧密地排列在界面上，而应当按照位能场中粒子的分配规律分布在邻近界面的液层中，即形成电荷的“分散层”。该模型解释了平板电容器模型无法解释的现象，即微分电容在稀溶液中出现极小值的现象。但是当表面电荷密度过大时，利用该模型计算得出的电容值仍偏离实验测得的数值。

(3) Gouty－Chapman－Stern 模型。该模型同时吸收了 Gouty－Chapman 分散双电层模型与 Helmholtz 紧密双电层模型的合理部分。这种模型认为：电解液总浓度或者电极表面电荷密度较大时，离子倾向于紧密地分布在固-液界面上，这时可能形成所谓的“紧密双电层”，这与一个带电的平板电容器相似。如果溶液中离子浓度较低，或是电极表面电荷密度比较小，由于离子热运动，致使溶液中的剩余电荷不可能全部集中排列在界面上，而使电荷分布具有一定的“分散性”。这种情况下，双电层包括“紧密层”与“分散层”两部分。

1963 年，Backres 等对 Gouty－Chapman－Stern 模型进一步修正，将紧密层分为内紧密层和外紧密层。内紧密层(IHP)由吸附水分子、特性吸附阴离子组成；外紧密层(OHP)为紧密层与分散层的分界，主要由水化离子组成。当电极表面存在负的剩余电荷时，水化正离子并非与电极直接接触，二者之间存在着一层吸附水分子。在这种情况下，水化正离子距电极表面稍远些。由这种离子电荷构成的紧密层称为外紧密层。当电极表面的剩余电荷为正时，构成双电层的水化负离子水化膜被破坏，挤掉吸附在电极表面上的吸附水分子而与电极表面直接接触。紧密层中负离子的中心线与电极表面距离比正离子小得多，可称之为内紧密层。因此根据构成双电层离子性质不同，紧密层有内紧密层和外紧密层之分。基于此，可以解释电极表面带正电时，测得的电容值比电极表面带负电时的大的实验现象。

2.4.2 电容交流电渗

根据 2.4.1 的介绍，当一个直流电压信号施加在浸没于电解液中的电极时，会在电极与溶液界面形成双电层电容。根据 Gouty - Chapman - Stern 双电层模型，电势经过这个电容时其绝对值减小。并且从电压信号开始施加到电势分布建立，电容需要经过一个较为缓慢的充电过程，即电极极化过程。假设电极上没有发生化学反应，电极极化将会占据大部分外加电压，而溶液中的电压仅仅是其一小部分，即双电层的屏蔽作用。

然而，当交流电压信号施加在电解液中的电极上时，电化学体系可以简化为双电层容抗与溶液电阻的组合。当输入交流电压信号频率较高时，双电层电容容抗较小，根据欧姆定律，输入信号的电压大部分落在双电层电容间的溶液电阻上。反之，当输入交流电压信号频率较低时，双电层电容容抗较大，输入信号的电压大部分分配到双电层电容上。

图 2 - 2(a)所示为对称的平面电极表面上电容交流电渗的示意图。在平面电极对上施加交流电压信号$\pm V_0\cos(\omega t)$时，电解液中形成电场$\boldsymbol{E}$。电场的切向分量作用在电极表面的电荷上，在双电层的剪切平面上会产生电容交流电渗流(ACEO)。在对称电极的 ACEO 中，交流电压信号作用在平面电极上，离子受到的电场力方向如图 2 - 2(a)示。交流电上半周期，电场切向分量 E_t 作用在电极表面的极化电荷上，极化电荷运动进而拖动液体做定向移动，形成电容性的ACEO。交流电下半周期，电场方向与极化电荷符号同时发生改变。所以，从

宏观上看，电荷受到的库仑力的方向不变，在一个完整的交流信号周期内，虽然电极表面有电渗流的产生，但其平均流速为零。更重要的是，每个电极的尖端都位于电渗流流线方向下游。此时，扩散层会被压缩，不利于纳米材料在微区域内的生长及枝晶的形成。

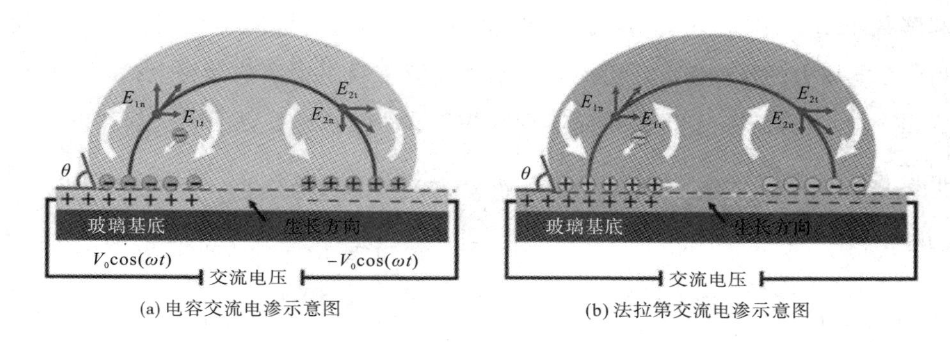

(a) 电容交流电渗示意图　　(b) 法拉第交流电渗示意图

图2-2　交流电渗示意图

2.4.3　法拉第交流电渗

一般认为，电容交流电渗只发生在电极电势较低的情况下。当电极电势增大时，电极表面可能发生法拉第(Faradic)反应。相应地，电极表面的双电层结构会发生变化，交流电渗的方向可能发生改变[49-50]，此时交流电渗称为法拉第交流电渗。随后，研究者进一步指出，法拉第反应条件下，交流电渗与电容交流电渗的方向相反。典型的电化学反应，包含有阳极的氧化反应：

$$M \longrightarrow M^{n+} + n\,\mathrm{e}^- \quad 或 \quad 3\,\mathrm{H_2O} \longrightarrow 2\,\mathrm{H_3O^+} + \frac{1}{2}\mathrm{O_2} + 2\,\mathrm{e}^- \qquad (2-8)$$

以及阴极的沉积、析氢反应：

$$M^{n+} + n\,\mathrm{e}^- \longrightarrow M \quad 或 \quad 2\,\mathrm{H_2O} + 2\,\mathrm{e}^- \longrightarrow 2\mathrm{OH^-} + \mathrm{H_2} \qquad (2-9)$$

一般而言，水解反应需要更高的电极电势。随着法拉第反应的进行，阳极积累的主要是阳离子，阴极积累的主要是阴离子。与电容交流电渗相比，由于扩散双电层内的主要电荷极性相反，相同方向电场作用下得到的交流电渗方向也将相反(见图2-2(b))。当电化学反应进入下半个周期时，电极电势与扩散层内的电荷符号同时改变。因此，交流电渗的流动方向不会发生变化。由图 2－2(b)可以得知，法拉第交流电渗的流体运动产生了两个向外的漩涡。

此外，在法拉第交流电渗条件下，扩散双电层内电荷符号与电极电势符号相同，局部电场强度增强。与此相反的是，电容交流电渗的双电层对局部电场起屏蔽作用，如图 2－3。事实上，当电极表面的第一层离子被同种电荷替代后，在电场力的作用下，还可能会从本体溶液中吸引更多的异种电荷，从而形成多个电层的结构。但是，目前还没有关于这一问题进行更深层次探讨的文献报道。

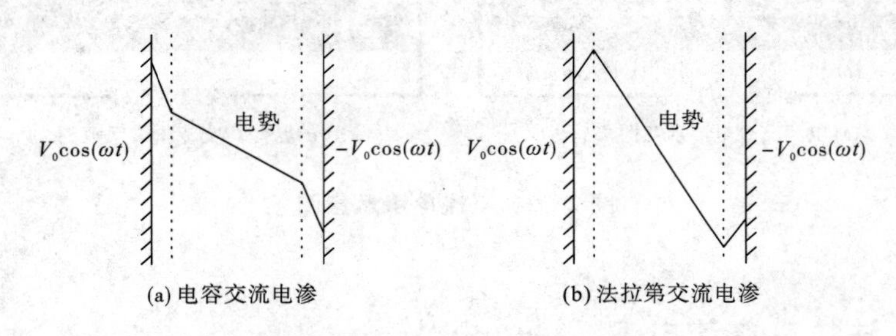

图 2－3　不同交流电渗的扩散双电层内的电势分布

第3章　金纳米材料的交流电沉积

3.1 引　　言

本书第2章介绍了微区域内交流电沉积基础理论。自本章开始，本书将介绍作者在该领域开展的研究工作。本章具体介绍如何通过微电子机械系统(MEMS)工艺制备微电极，并在双极电极构成的微区域内制备不同形貌结构的金纳米材料。基于理论建模与仿真模拟，本章还将介绍金纳米材料的交流电沉积制备机理与形貌、结构、性能调控方法。

3.2 实验材料与装置

金纳米材料的交流电沉积实验中用到了两种金的卤化物电解液。一种是将0.15 g碘化钾和0.15 g碘溶于10 ml酒精，并在80℃恒温下溶解金丝至饱和，最后移除未溶解的金丝而制备的电解液。该电解液按照需要，稀释以后使用。另外一种是氯化金($AuCl_3\cdot HCl\cdot 4H_2O$)溶液。0.2 mm直径的金丝和氯化金粉末由国药集团化学试剂有限公司提供。使用的去离子水的电阻率大于18.2 MΩ/cm。

本实验结合拉曼光谱与循环伏安法来确定金离子的络合状态。拉曼散射指的是光子在入射光激励下发生非弹性散射的一种光学现象，可反映分子的振动、转动和电子态能量密度的变化。根据光子散射前后不同能量变化，拉曼散射可分为斯托克斯散射和反斯托克斯散射。其中处于红光区的斯托克斯散射是拉曼散射的主要部分。一般情况下，拉曼实验中会伴随着强烈的荧光信号。荧光和拉曼散射分别属于不同的过程。对荧光来说入射光被吸收，整个系统发生能级跃迁。另外，多数荧光光谱的强度远大于拉曼光谱的强度，并且荧光光谱多是连续背景的光谱，拉曼光谱是分立谱线，这使得待测信号被淹没。因此测试中选择合理的激发光源波长对获得高信噪比的拉曼信号是很重要的。

循环伏安法是指控制电极电势以恒定的速率变化，同时测量通过电极的响应电流。循环伏安曲线(CV 曲线)是通过控制电极电势以一定的速率从 E_i 开始向电势负方向扫描，达到时间 $t=\lambda$(电势为 E_λ)时，电势改变扫描方向，并以相同的速率回归至起始电势，然后电势再次改变方向，反复扫描得到的。通过分析循环伏安曲线的氧化峰、还原峰，可以获得电解液和化学反应的相关信息。

本实验所用的微电极是采用“MEMS 加工工艺”在硅片上制备的。其流程如图 3-1 所示，(a) 采用热氧化工艺在 P 型掺杂硅片表面上热氧化形成 500 nm 的 SiO_2 绝缘层；(b) 涂覆光刻胶，光刻并形成电极图案；(c) 先后溅射 30 nm Cr 与 170 nm Pt，其中，Cr 层作为黏附层使用；(d) 剥离光刻胶，制备出特征尺寸(电极间距)为 5～20 μm，具有不同形状的贵金属(金、铂等)电极对。

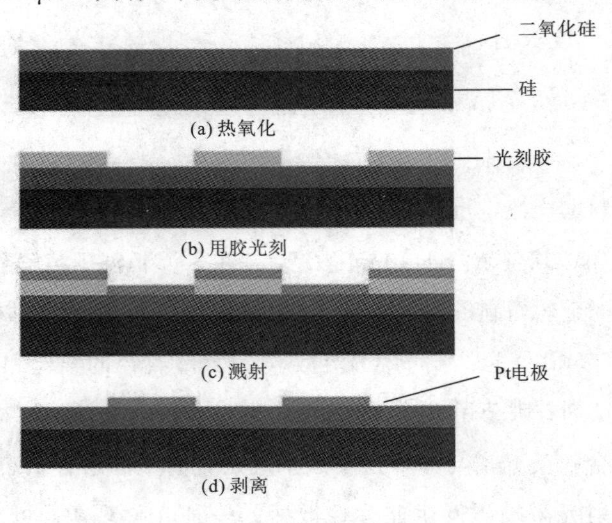

图 3-1 微电极的 MEMS 加工工艺

金纳米材料的交流电沉积实验是在 Cascade 探针台(见图 3－2)上完成的。实验进行时，将一滴电解液转移到电极间隙之间，再通过信号发生器施加交流电压以及直流偏置电压。室温条件下的纳米材料生长过程可通过显微镜观察记录。之后，将制备好的样品浸泡于去离子水中几分钟以去除残余离子，最后置于空气中干燥以便进一步表征、测试。

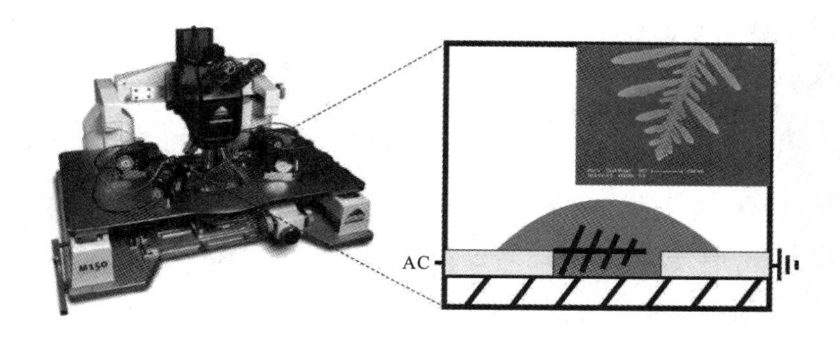

图 3－2　制备金纳米材料的实验装置图

3.3 测试结果

3.3.1 拉曼光谱表征

取 10 mM(mM 为毫摩尔每升，即 0.001 mol/L)氯化金($AuCl_3 \cdot HCl \cdot 4H_2O$)溶液置于毛细管内。拉曼光谱的激发光源波长为 532 nm，激光光源功率为 50 mW。图 3－3(a)显示了拉曼位移范围为 150～800 cm^{-1}的氯化金电解液的拉曼光谱，480 cm^{-1}为水分子的特征峰，用以表征电解液的溶剂。160 cm^{-1}、327 cm^{-1}与 349 cm^{-1}峰位则反映络合物分子的振动信息。

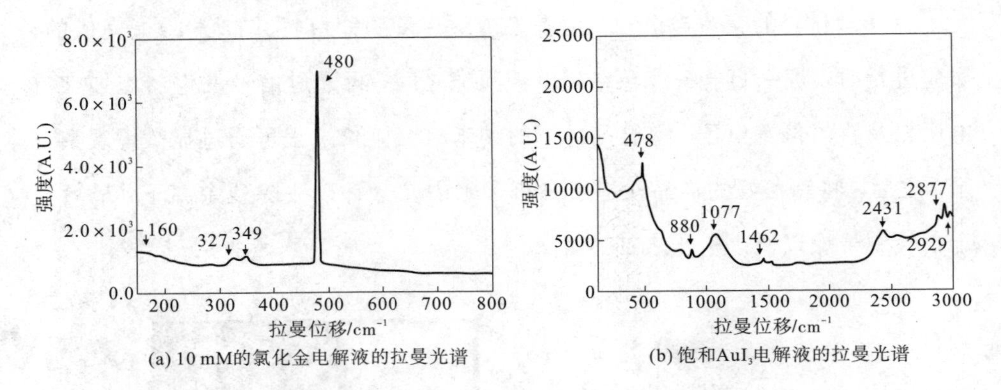

(a) 10 mM的氯化金电解液的拉曼光谱　　(b) 饱和AuI_3电解液的拉曼光谱

图 3-3　拉曼光谱

络合物$[AuCl_2]^-$是线性对称结构，只有υ_1振动模态。$[AuCl_4]^-$则具有平行四边形结构及D_{4h}对称性，所以它有$\upsilon_1(A_{1g})$、$\upsilon_2(B_{2g})$和$\upsilon_4(B_{1g})$三个振动模态，分别对应于 Au—X 键的对称拉伸、非对称拉伸以及平面弯曲三种形式。对于氯化金($AuCl_3 \cdot HCl \cdot 4H_2O$)溶液，这些振动模态分别对应于 349 cm^{-1}、327 cm^{-1}和 160 cm^{-1}三个峰位(见图 3-3(a))。因此，氯化金电解液中的络合物主要是以$[AuCl_4]^-$形式存在的。

金丝在碘化钾、碘以及酒精中的溶解主要依赖于I_2的物质的量。这是由于I_2首先与I^-形成稳定的I_3^-，即

$$I_2 + I^- \rightleftharpoons I_3^- \tag{3-1}$$

而I_3^-对于贵金属表现出了很强的氧化性[51]，可以与金原子发生反应形成络合物：

$$2Au + I_3^- + I^- \rightleftharpoons 2[AuI_2]^- \tag{3-2}$$

除此之外，电解液中还能形成不稳定的络合物$[AuI_4]^-$：

$$[AuI_2]^- + I_2 \rightleftharpoons [AuI_4]^- \tag{3-3}$$

提高温度会使$[AuI_2]^-$增加，$[AuI_4]^-$减少。增加I_2的量会使化学反应式(3-3)向右进行，产生更多的$[AuI_4]^-$。

观察图 3-3(b)可知，880 cm^{-1}及其后的峰对应于酒精基底，880 cm^{-1}附近峰

是由 C—C—O 面外伸缩产生的，1000～1100 cm^{-1} 附近峰由 C—C—O 面内伸缩产生，1462 cm^{-1} 附近峰由 CH_3^- 不对称性产生，2877～3000 cm^{-1} 附近峰由—CH_2、—CH_3 基团的对称以及不对称伸缩振动产生。进一步分析 50～250 cm^{-1} 拉曼位移段，162 cm^{-1}、142 cm^{-1}、110 cm^{-1} 和 76 cm^{-1} 四个峰位分别对应于 $[AuI_2]^-$ 的 υ_1，以及 $[AuI_4]^-$ 的 υ_1、υ_2、υ_4 模态。较强的 110 cm^{-1} 峰位表示电解液中高含量的 I_2 使络合物离子主要以 $[AuI_4]^-$ 形式存在。

3.3.2　电化学表征

通过循环伏安法测试可进一步分析微区域内交流电沉积过程金属离子的存在形式。实验结果如图 3－4 所示。电化学反应包含了阳极溶解与阴极沉积两个部分。对于氯化金溶液的电化学反应而言，当固态金原子与溶液中的氯离子相互作用时，金原子首先被氧化成一价阳离子，并在电极表面产生吸附物 $[Au^ICl]_{ad}$。随着反应进行，部分一价金离子继续被氧化，形成可溶解的络合离子 $[Au^{III}Cl_4]^-$ 和 $[Au^ICl_2]^-$。

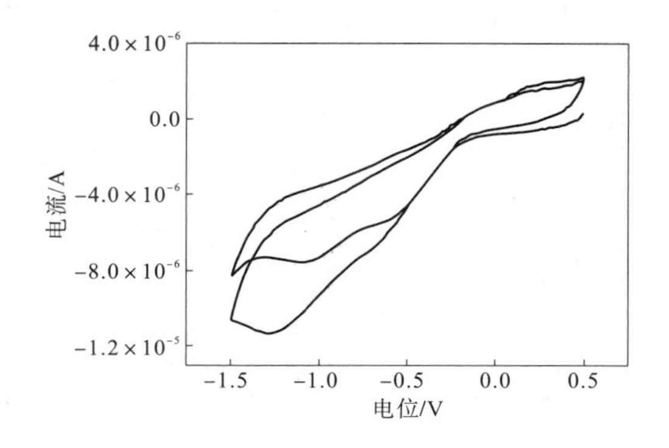

图 3－4　玻碳电极上 0.1 mM 氯化金电解液的循环伏安曲线

（扫描速度为 50 mV/s，参比电极为饱和甘汞电极）

电沉积过程中，络合离子通过本体溶液到达固液两相的接触面，进而获得电子而被还原成金原子。图 3－4 所示实验采用饱和甘汞电极作为参比电极。

由图 3-4 可以发现，在阴极沉积过程中，CV 曲线出现了明显的阴极还原峰和析氢区。当电势扫描到－0.5 V 左右，金开始沉积。随着电势的负移，电极反应速度逐渐提高，在－0.6 V 时出现一个明显的电流峰，对应于络合离子的还原过程。当电势大于－1.2 V 时，反应进入析氢区域。图中的阳极电流对应于金溶解形成络合离子的过程。因此，除了析氢反应，只有一个还原峰和一个氧化峰。

结合拉曼表征的结果，可知氯化金溶液的电化学反应为

$$[AuCl_2]^- + e^- \rightleftharpoons Au + 2Cl^- \tag{3-4}$$

从图 3-5 中可以发现，电化学反应在－0.5 V 与 0.2 V 左右分别有一个还原峰，在－0.55 V 与 0.6 V 左右各有一个阳极氧化峰。根据已有文献，再结合拉曼光谱的表征结果，可以推断体系的电化学反应公式为

$$[AuI]^-_{ad} + I^- \rightleftharpoons [AuI_2]^-_{ad} + e^- \tag{3-5}$$

$$[AuI_2]^-_{ad} \rightleftharpoons [AuI_2]^- \text{(溶解态)} \tag{3-6}$$

$$[AuI_2]^-_{ad} + 2I^- \rightleftharpoons [AuI_4]^-_{ad} + 2e^- \tag{3-7}$$

$$[AuI_4]^-_{ad} \rightleftharpoons [AuI_4]^- \text{(溶解态)} \tag{3-8}$$

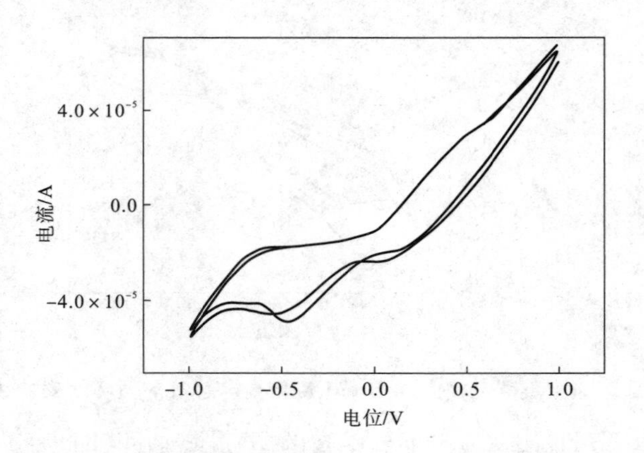

图 3-5 玻碳电极上 10 倍稀释的 AuI_3 电解液的循环伏安曲线

（扫描速度为 50 mV/s，参比电极为饱和甘汞电极）

3.4 金纳米材料交流电沉积机理

3.4.1 交流电沉积过程

根据 3.3 节的讨论可知，两种卤化物溶液中的金离子的主要存在形式为 $[AuI_4]^-$ 和 $[AuCl_2]^-$。在交流电正半周期内，络合的负离子向阳极移动，并在电极附近建立扩散双电层。在下个交流电负半周期，络合离子将离开原来电极，向相反的电极运动。但是由于离子迁移速度有限。因此在正半周期内部分络合离子存在一定的概率，在电极附近区域脱去水化层，得到电子，形成吸附原子，并成核长大。图 3-6 所示为交流电化学反应过程示意图。

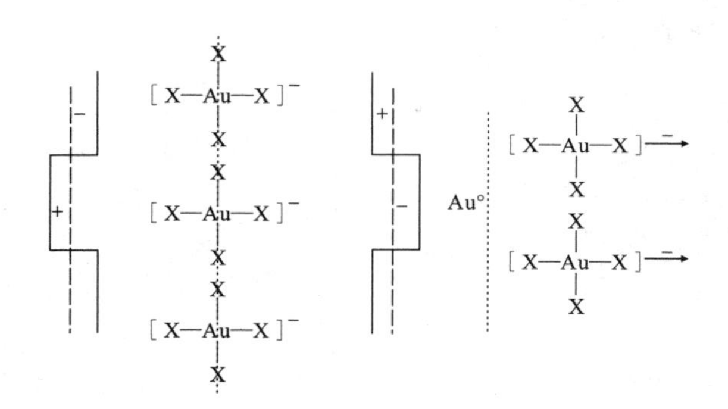

图 3-6　交流电化学反应过程示意图

为了分析交流电压频率对电化学反应过程的影响，把交流电化学沉积系统等效为由两个双电层容抗和溶液电阻构成的电路。当交流电压频率升高时，容抗降低。相应地，溶液电阻上的电压会增加。这也意味着保持交流电压幅值不变，交流电压频率升高后，双电层两端的等效过电位降低，本体溶液中的等效电压升高，电迁移传质速度增快。如图 3-7 所示，交流电压频率升高，虽然半周期变得更短，但是电迁移传质速度加快。这一现象导致的结果是，一方面电化学结晶的生长速度加快；另一方面，电结晶会更加集中地生长在电场强度较大的区域。另外，由于双电层过电位降低，成核率会下降，枝晶的分叉会减少。成核率降低同时成核时间减少。因此，半周期变短，枝晶没有充分的时间生长时，直径也减小。

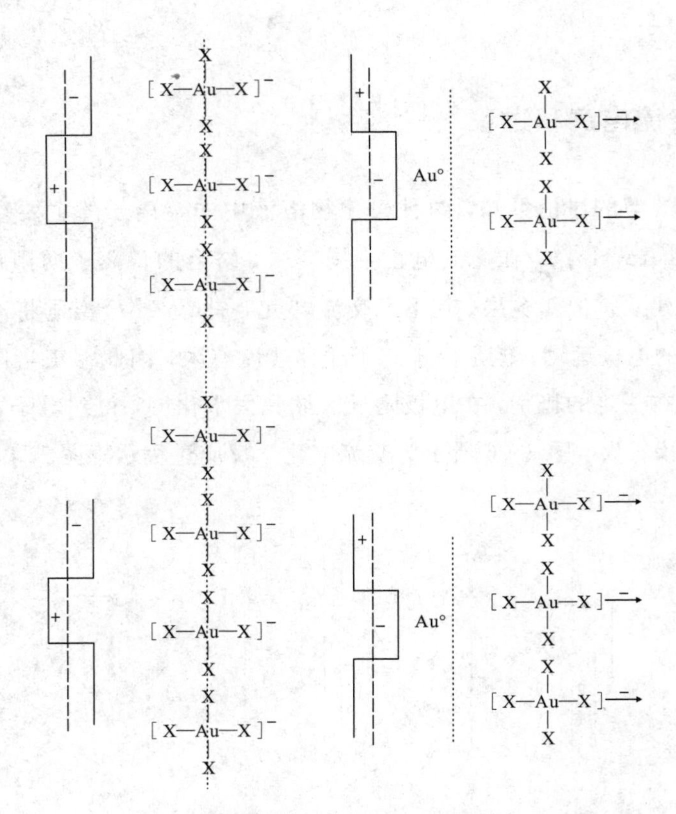

图3-7 交流电压频率升高时交流电化学反应过程示意图

当提高交流电压幅值而保持交流电压频率不变时，双电层两端的过电位升高，施加在溶液中的电压也升高(见图 3-8)。这意味着，单位时间内电极表面的成核数增加，到达电极表面的金离子的数目也增加，枝晶的直径增大，分布稠密。需要注意的是，交流电压幅值的影响，具有明显的频率依赖性。当交流电压频率较高时，更多的电压施加在本体溶液上。此时，提高电压能有效地改善电化学反应传质过程。但交流电压频率较低时，大部分电压被屏蔽，交流电压幅值的影响因此会减小。

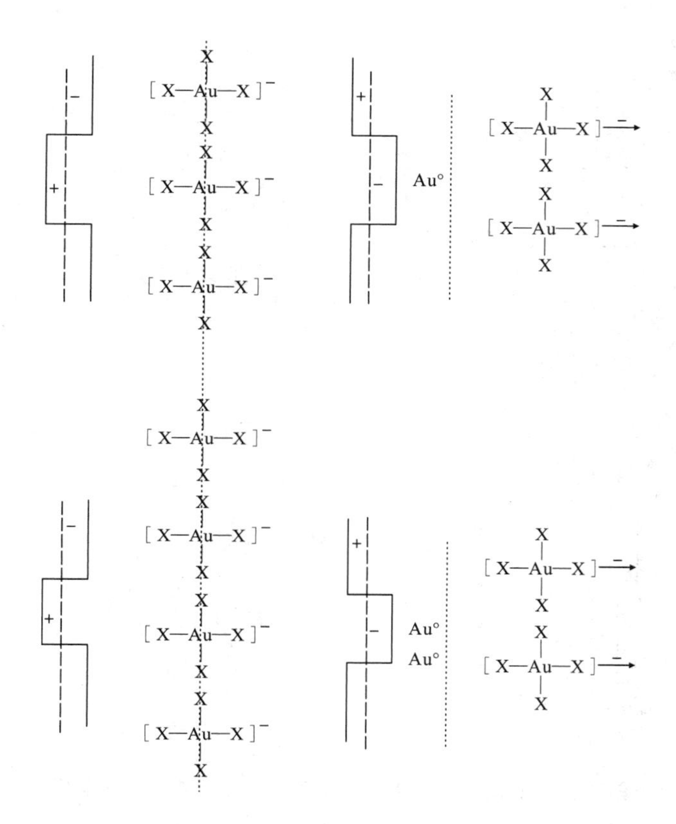

图3－8　交流电压幅值升高时交流电化学反应过程示意图

电化学结晶的生长是负半周期内金属阳离子的还原与正半周期内金属原子的氧化共同作用的结果。由于交流电沉积的两个电极对称分布，即负半周期的电沉积与正半周期的电氧化均会发生在对称的电极上，两电极上的相位相差半个周期。又由于交流电化学反应过程具有周期性。因而，分析交流电压幅值与交流电压频率对晶体形貌的影响时，只需要考虑半个周期的情况。

另外一种情况：相对于电解液的零位电压，在交流电压上叠加一个直流负偏置电压时，偏置电极的正周期内扩散双电层获得的离子数目减少。与此同时，由于负半周期过电位升高（见图 3－9），阳离子被还原的概率提高。因此，在这种情况下，难以定性地给出总的还原的金属离子数目的变化趋势。

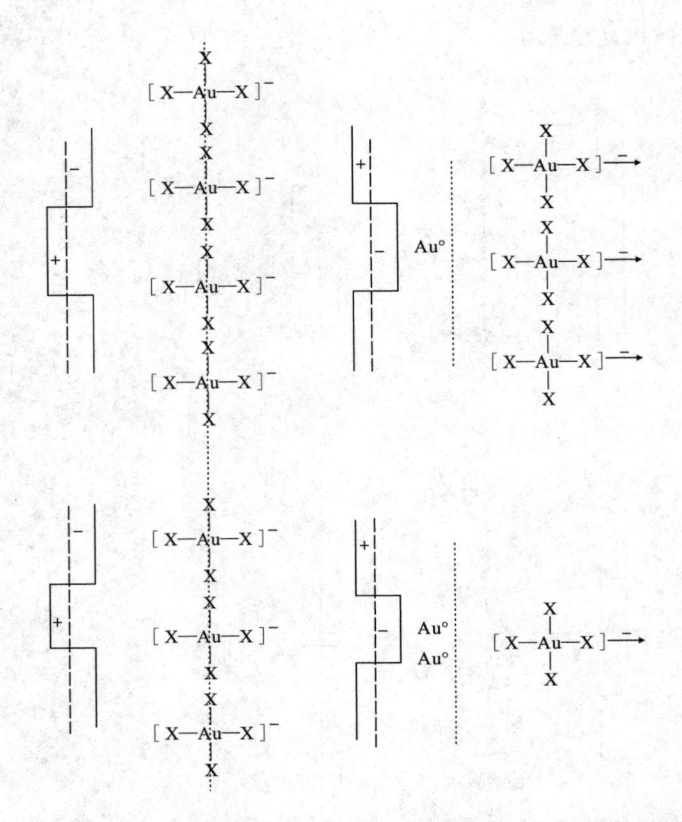

图 3-9 直流负偏置电压时交流电化学反应过程示意图

3.4.2 络合离子传质过程

通过 3.3 节实验研究发现饱和 AuI_3 溶液中的离子主要以三价络合离子 $[Au^{III}I_4]^-$ 的形式存在，而 $AuCl_3 \cdot HCl \cdot 4H_2O$ 电解液中的离子主要以一价络合离子 $[Au^{I}Cl_2]^-$ 的形式存在。当带电络合离子以速度 v_{EP} 在电场中运动时，所受到的电场力大小为

$$F_E = qE \tag{3-9}$$

式中，F_E 为电场力；q 为溶质粒子所带的有效电荷；E 为电场强度。

带电粒子同时还受到流体的阻力，即摩擦力作用，摩擦力的大小为

$$F_f = f v_{EP} \tag{3-10}$$

式中，F_f 为摩擦力；f 为摩擦系数；v_{EP} 为溶质粒子在电场中的运动速度。当络合离子动态平衡时，电场力和摩擦力大小相等、方向相反，有

$$qE = f v_{EP} \tag{3-11}$$

对于球状粒子，$f=6\pi\eta r$，其中：r 为表观液态动力学半径；η 为电解液介质黏度。由式(3-11)可以得到

$$v_{EP} = \frac{qE}{6\pi r\eta} \tag{3-12}$$

根据 Zeta 电势 $\xi_e = q/\varepsilon r$，络合离子的运动速度可进一步表示为

$$v_{EP} = \frac{\varepsilon \xi_e E}{6\pi\eta} \tag{3-13}$$

前期研究表明，交流电沉积发生时，电极表面不同位置具有不同的电流密度。为了研究电场分布与传质之间的关系，我们使用 FEMLAB 对实验中枝晶生长过程中的电场分布进行了仿真计算，如图 3-10 所示，电极间距为 10 μm，交流电压为 10 V_{pp}，计算域为 100 μm×100 μm×50 μm，得到的电场强度最大值约为 1.08×10^7 V/m。由于离子的运动最终在流体的摩擦力和电场力之间实现平衡，电场强度的不均匀分布将会导致离子在不同的区域中运动速度不同。在电场强度较大的位置，传质速度较快，电流密度也较大，电化学沉积量较多。

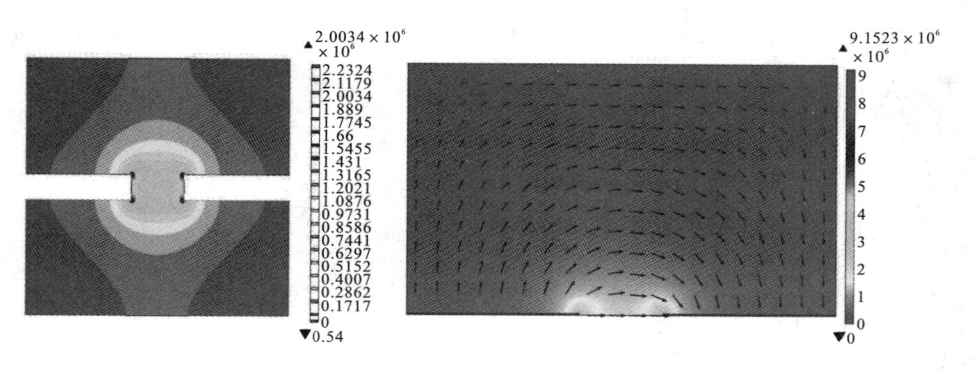

图 3-10　电场强度的有限元仿真图

虽然，迄今还未见到关于$[Au^{III}I_4]^-$与$[Au^{I}Cl_2]^-$离子半径的文献报道。但根据现有数据可知：水化金离子的半径约为 350 pm，其淌度约为(4～8)×

10^{-8} m²/(V·s)。考虑到络合离子直径一般大于水化离子直径，金离子在电场作用下的最大电泳速度约为 1.5 mm/s。根据本书第 1 章可知，络合金离子所受介电泳力为

$$F_{\mathrm{DEP}}=4\pi \mathrm{Re}[K(\omega)]r^3\ \nabla\left(\frac{\varepsilon E_{\mathrm{rms}}^2}{2}\right) \tag{3-14}$$

计算得到的络合离子的最大介电泳力能量要远小于常温时水化离子的热动能(38 meV)。与此同时，根据相关研究报道，电极附近交流电渗的平均速度约为 0.6 mm/s[40]。因此，相对于 1.5 mm/s 的电泳速度，电流体动力学引起的微流体对流传质不可忽略。如果考虑到电极双电层的屏蔽作用，微流体对流可能成为离子传质的主要构成。因而，通过实验及仿真的方法获得微流体对流数据，对于络合离子传质机理分析是十分必要且重要的。

3.4.3 法拉第交流电渗理论模型

1. 基本方程

Ramos[52]等建立了电容交流电渗的理论模型。本节将具体展开介绍该理论模型的推导过程，并深入探讨法拉第交流电渗的控制方程与边界条件。

首先，根据电磁场的基本理论，电势 φ 与正负离子浓度 n_+ 和 n_- 之间的函数满足泊松方程：

$$\nabla^2\varphi=\frac{e(n_- - n_+)}{\varepsilon} \tag{3-15}$$

而离子浓度满足质量守恒方程：

$$\frac{\partial n_\pm}{\partial t}+\nabla\cdot J_\pm=0 \tag{3-16}$$

电流密度 $J_\pm$ 可以表示为

$$J_\pm=\mp n_\pm\mu\ \nabla\varphi-D\ \nabla n_\pm+n_\pm u \tag{3-17}$$

式中，u 是流体速度，μ 和 D 分别为带电离子的迁移率和扩散系数。电流密度反映了电化学过程中的离子传质。一般情况下，传质由电迁移、扩散和对流组

成。在直流电化学反应中，常常忽略对流对传质的贡献。另外，假设电极表面($y=0$)的电势边界条件为

$$\varphi=\begin{cases}\varphi_0+\dfrac{1}{2}V_0\cos(\omega t) & (x>0)\\ \varphi_0-\dfrac{1}{2}V_0\cos(\omega t) & (x<0)\end{cases} \tag{3-18}$$

式中，φ_0 为静态表面电势，V_0 为通过金属电极施加的外部交流电压幅值。当电极可以理想极化时，电流密度的法向分量在电极表面为零，即

$$n\cdot J_{\pm}=\mp n_{\pm}\mu\frac{\partial\varphi}{\partial y}-D\frac{\partial n_{\pm}}{\partial y}=0 \tag{3-19}$$

式中 n 为离子的平均浓度。当 $y\to\infty$，电势被双电层屏蔽而趋近于零，离子浓度趋近平衡值，即

$$n_{\pm}\to n_0,\ \varphi\to 0\ (y\to\infty) \tag{3-20}$$

2. 基本方程无量纲分析

电荷密度 ρ 和离子的平均浓度 n 满足线性关系：

$$\rho=e(n_{+}-n_{-}),\ n=\frac{(n_{+}+n_{-})}{2} \tag{3-21}$$

式中 e 为电子所带电荷量。对方程式(3-16)中涉及的变量和常数，包括坐标、时间、电势、电荷密度、离子浓度、交流电压频率、交流电压幅值、静态电压等进行无量纲化，则有

$$x=L\bar{x},\ y=\left(\frac{\varepsilon D}{\sigma}\right)^{1/2}\bar{y}=\lambda_D\bar{y} \tag{3-22}$$

$$t=\frac{\bar{t}}{\omega} \tag{3-23}$$

$$\varphi=\frac{D}{\mu}\bar{\varphi}=\frac{k_B T}{e}\bar{\varphi} \tag{3-24}$$

$$\rho=2n_0 e\bar{\rho} \tag{3-25}$$

$$n=n_0\bar{n} \tag{3-26}$$

$$\omega=\frac{\bar{\omega}\sigma}{\varepsilon},\ V_0=\frac{\overline{V}_0 k_B T}{e} \tag{3-27}$$

$$\delta=\frac{\lambda_D}{L} \tag{3-28}$$

$$\varphi_0=\frac{\bar{\varphi}_0 k_{\mathrm{B}} T}{e} \tag{3-29}$$

式(3-22)～式(3-29)中，$\sigma=2n_0eu$，σ 是电解液的电导率，n_0 是本体溶液的离子浓度，ω 是交流电压角频率，k_{B}是玻尔兹曼常数，T 是热力学温度，λ_{D} 是迪拜长度，L 是反映实验中电极尺度特征的量。对于微区域内交流电沉积而言，L 一般都接近 λ_D 的 1000 倍，所以可以使用薄扩散双电层假设。由此可以将方程式(3-16)展开：

$$\bar{\omega}\frac{\partial(\bar{n}+\bar{\rho})}{\partial\bar{t}}-\frac{\partial}{\partial\bar{y}}\left[(\bar{n}+\bar{\rho})\frac{\partial\bar{\varphi}}{\partial\bar{y}}+\frac{\partial(\bar{n}+\bar{\rho})}{\partial\bar{y}}\right]-\delta^2\frac{\partial}{\partial\bar{x}}\left[(\bar{n}+\bar{\rho})\frac{\partial\bar{\varphi}}{\partial\bar{x}}+\frac{\partial(\bar{n}+\bar{\rho})}{\partial\bar{x}}\right]=0 \tag{3-30}$$

$$\bar{\omega}\frac{\partial(\bar{n}-\bar{\rho})}{\partial\bar{t}}-\frac{\partial}{\partial\bar{y}}\left[(-\bar{n}+\bar{\rho})\frac{\partial\bar{\varphi}}{\partial\bar{y}}+\frac{\partial(\bar{n}-\bar{\rho})}{\partial\bar{y}}\right]-\delta^2\frac{\partial}{\partial\bar{x}}\left[(-\bar{n}+\bar{\rho})\frac{\partial\bar{\varphi}}{\partial\bar{x}}+\frac{\partial(\bar{n}-\bar{\rho})}{\partial\bar{x}}\right]=0 \tag{3-31}$$

从而得到无量纲守恒方程组：

$$\frac{\partial^2\bar{\varphi}}{\partial\bar{y}^2}+\delta^2\frac{\partial^2\bar{\varphi}}{\partial\bar{x}^2}=-\bar{\rho} \tag{3-32}$$

$$\bar{\omega}\frac{\partial\bar{\rho}}{\partial\bar{t}}-\frac{\partial}{\partial\bar{y}}\left[\bar{n}\frac{\partial\bar{\varphi}}{\partial\bar{y}}+\frac{\partial\bar{\rho}}{\partial\bar{y}}\right]-\delta^2\frac{\partial}{\partial\bar{x}}\left[\bar{n}\frac{\partial\bar{\varphi}}{\partial\bar{x}}+\frac{\partial\bar{\rho}}{\partial\bar{x}}\right]=0 \tag{3-33}$$

$$\bar{\omega}\frac{\partial\bar{n}}{\partial\bar{t}}-\frac{\partial}{\partial\bar{y}}\left[\bar{\rho}\frac{\partial\bar{\varphi}}{\partial\bar{y}}+\frac{\partial\bar{n}}{\partial\bar{y}}\right]-\delta^2\frac{\partial}{\partial\bar{x}}\left[\bar{\rho}\frac{\partial\bar{\varphi}}{\partial\bar{x}}+\frac{\partial\bar{n}}{\partial\bar{x}}\right]=0 \tag{3-34}$$

以及无量纲边界条件：

$$\bar{\varphi}\to 0,\ \bar{\rho}\to 0,\ \bar{n}\to 1,\ \bar{\rho}\to\infty \tag{3-35}$$

$$\bar{n}\frac{\partial\bar{\varphi}}{\partial\bar{y}}+\frac{\partial\bar{\rho}}{\partial\bar{y}}=0,\ \bar{\rho}\frac{\partial\bar{\varphi}}{\partial\bar{y}}+\frac{\partial\bar{n}}{\partial\bar{y}}=0\quad(\bar{y}=0) \tag{3-36}$$

$$\bar{\varphi}=\begin{cases}\bar{\varphi}_0+\dfrac{1}{2}\overline{V}_0\cos\bar{t} & (\bar{x}>0)\\[2ex] \bar{\varphi}_0-\dfrac{1}{2}\overline{V}_0\cos\bar{t} & (\bar{x}<0)\end{cases} \tag{3-37}$$

3. 线性近似求解

当$\bar{\varphi}_0$和$\overline{V}_0$较小时，可以假设平均离子浓度与单位浓度差别较小，即$\bar{n}=c\ll 1$。

首先对守恒方程组的静力部分进行求解（以下用脚标“s”表示），基于Debye-Hückel近似，可以得到静态守恒方程组：

$$\frac{\partial^2 \bar{\varphi}_s}{\partial \bar{y}^2}+\delta^2\frac{\partial^2 \bar{\varphi}_s}{\partial \bar{x}^2}=-\bar{\rho}_s \tag{3-38}$$

$$\left(\frac{\partial^2}{\partial \bar{y}^2}+\delta^2\frac{\partial^2}{\partial \bar{x}^2}\right)(\bar{\rho}_s+\bar{\varphi}_s)=0 \tag{3-39}$$

$$\frac{\partial^2 c_s}{\partial \bar{y}^2}+\delta^2\frac{\partial^2 c_s}{\partial \bar{x}^2}=0 \tag{3-40}$$

以及适用于静态守恒方程组的边界条件：

$$\bar{\varphi}_s\to 0,\ \bar{\rho}_s\to 0,\ c_s\to 0,\ \frac{\partial^2 \bar{\varphi}_s}{\partial \bar{y}^2}+\delta^2\frac{\partial^2 \bar{\varphi}_s}{\partial \bar{x}^2}=-\bar{\rho}_s\quad(\bar{y}\to\infty) \tag{3-41}$$

$$\frac{\partial \bar{\varphi}_s}{\partial \bar{y}}+\frac{\partial \bar{\rho}_s}{\partial \bar{y}}=0,\ \frac{\partial c_s}{\partial \bar{y}}=0,\ \bar{\varphi}=\bar{\varphi}_0\quad(\bar{y}=0) \tag{3-42}$$

求解静态守恒方程组得

$$\bar{\varphi}_s=\bar{\varphi}_0 e^{-\bar{y}},\ \bar{\rho}_s=\bar{\varphi}_0 e^{-\bar{y}},\ c_s=0 \tag{3-43}$$

使用傅里叶变换对守恒函数方程组的静力部分进行处理，将动力部分的时间函数用复指数函数替代，得

$$\frac{\partial^2 \bar{\varphi}}{\partial \bar{y}^2}+\delta^2\frac{\partial^2 \bar{\varphi}}{\partial \bar{x}^2}=-\bar{\rho} \tag{3-44}$$

$$\mathrm{i}\,\bar{\omega}\bar{\rho}-\left(\frac{\partial^2}{\partial \bar{y}^2}+\delta^2\frac{\partial^2}{\partial \bar{x}^2}\right)(\bar{\rho}+\bar{\varphi})=0 \tag{3-45}$$

$$\mathrm{i}\,\bar{\omega}c-\frac{\partial^2 c}{\partial \bar{y}^2}-\delta^2\frac{\partial^2 c}{\partial \bar{x}^2}=0 \tag{3-46}$$

以及适用于动力方程的边界条件：

$$\bar{\varphi}\to 0,\ \bar{\rho}\to 0,\ c\to 0\quad(\bar{y}\to\infty) \tag{3-47}$$

$$\frac{\partial \bar{\varphi}}{\partial \bar{y}}+\frac{\partial \bar{\rho}}{\partial \bar{y}}=0,\ \frac{\partial c}{\partial \bar{y}}=0,\ \bar{\varphi}=\frac{\overline{V}_0}{2}\quad (\bar{y}=0) \tag{3-48}$$

求解动力方程组得方程组的解为 $c=0$，这是无效解。值得注意的是，这里存在两个尺度。宏观尺度下，切向电场作用在 Zeta 剪切面上，产生交流电渗流场。微观尺度下(y)，电荷分布在扩散双电层内。微观尺度的最大量($\overline{y}\to\infty$)也就对应于宏观尺度的最小量($Y\to 0$)。另外，宏观尺寸下的电荷密度为 R，微观尺度下的电荷密度为 ρ。在微观尺度下，双电层内部的守恒方程为(包括静力部分和动力部分)

$$\frac{\partial^2 \bar{\varphi}}{\partial \bar{y}^2}=-\bar{\rho} \tag{3-49}$$

$$\frac{\partial^2 \bar{\rho}}{\partial \bar{y}^2}=(1+\mathrm{i}\,\bar{\omega})\bar{\rho} \tag{3-50}$$

满足，在 $\bar{y}=0$ 处的边界条件：

$$\bar{\varphi}=\frac{\overline{V}_0}{2},\ \frac{\partial}{\partial \bar{y}}(\bar{\rho}+\bar{\varphi})=0 \tag{3-51}$$

该边界条件还需要和宏观的边界条件相匹配，即

$$\lim_{\bar{y}\to\infty}\frac{\partial \bar{\varphi}}{\partial \bar{y}}=\delta \lim_{Y\to 0}\frac{\partial \varphi}{\partial Y} \tag{3-52}$$

$$\lim_{\bar{y}\to\infty}\left(\bar{\varphi}-\bar{y}\,\frac{\partial \bar{\varphi}}{\partial \bar{y}}\right)=\lim_{Y\to 0}\left(\varphi-Y\,\frac{\partial \varphi}{\partial Y}\right) \tag{3-53}$$

$$\lim_{\bar{y}\to\infty}\bar{\rho}=0,\ \lim_{\bar{y}\to\infty}\frac{\partial \bar{\rho}}{\partial \bar{y}}=0 \tag{3-54}$$

求解上述方程组可得到解：

$$\bar{\rho}=A\,\mathrm{e}^{-s\bar{y}},\ \bar{\varphi}=-\frac{A\,\mathrm{e}^{-s\bar{y}}}{s^2}+B\,\bar{y}+C \tag{3-55}$$

其中：

$$s=\sqrt{1+\mathrm{i}\,\bar{\omega}},\ \mathrm{Re}(s)>0 \tag{3-56}$$

将式(3-55)和式(3-56)代入 $\bar{y}=0$ 时的边界条件(式(3-51))，可以得到解中的待定系数：

$$C=\frac{\overline{V}_0}{2}+\frac{A}{1+\mathrm{i}\,\bar{\omega}},\ B=\frac{\mathrm{i}\,\bar{\omega}A}{\sqrt{1+\mathrm{i}\,\bar{\omega}}} \tag{3-57}$$

宏观尺度下，电荷守恒满足泊松方程：

$$\frac{\partial^2\varphi}{\partial Y^2}+\frac{\partial^2\varphi}{\partial \bar{x}^2}=0 \tag{3-58}$$

同样，求解电荷守恒方程需要满足边界匹配条件：

$$\lim_{Y\to 0}\varphi=C=\frac{\overline{V}_0}{2}+\frac{A}{1+\mathrm{i}\bar{\omega}} \tag{3-59}$$

$$\lim_{Y\to 0}\frac{\partial\varphi}{\partial Y}=\frac{B}{\delta}=\frac{\mathrm{i}\bar{\omega}A}{\delta\sqrt{1+\mathrm{i}\,\bar{\omega}}} \tag{3-60}$$

而($Y=0$)时的边界条件为

$$\varphi-\frac{1}{\mathrm{i}\Omega}\frac{\partial\varphi}{\partial Y}=\frac{\overline{V}_0}{2} \tag{3-61}$$

其中

$$\Omega=\frac{\bar{\omega}\sqrt{1+\mathrm{i}\bar{\omega}}}{\delta} \tag{3-62}$$

对式(3-58)进行傅里叶变换并求解可得

$$\varphi(\bar{x},\ Y)=\int_0^\infty\tilde{\varphi}(k,Y)\sin(k\,\bar{x})\mathrm{d}k \tag{3-63}$$

进一步可得

$$\varphi(\bar{x},\ Y)=\frac{\mathrm{i}\Omega\overline{V}_0}{\pi}\int_0^\infty\frac{\mathrm{e}^{-kY}\sin(k\bar{x})}{k(k+\mathrm{i}\Omega)}\mathrm{d}k \tag{3-64}$$

当接近于电极表面，即($Y=0$，$\bar{y}\to\infty$)时有

$$\varphi(\bar{x},\ 0)=\frac{\mathrm{i}\Omega\,\overline{V}_0}{\pi}\int_0^\infty\frac{\sin(k\bar{x})}{k(k+\mathrm{i}\Omega)}\mathrm{d}k=\frac{\overline{V}_0}{2}[1-F(\Omega\,\bar{x})] \tag{3-65}$$

其中

$$F(\Omega\bar{x})=\frac{2}{\pi}\int_0^\infty\frac{\sin(k\bar{x})}{k\bar{x}+\mathrm{i}\Omega\,\bar{x}}\mathrm{d}(k\,\bar{x}) \tag{3-66}$$

函数 $F(p)$是指数积分函数，定义为

$$F(p)=\frac{\mathrm{i}}{\pi}[\mathrm{e}^{-p}\mathrm{Ei}(1,-p)-\mathrm{e}^{p}\mathrm{Ei}(1,\ p)] \tag{3-67}$$

其中

$$\mathrm{Ei}(1,p)=\int_1^\infty \frac{\mathrm{e}^{-pt}}{t}\mathrm{d}t \tag{3-68}$$

式中 p 为柯西主值。所以，可以将电荷浓度以及电势分布重新总结为

$$\bar{\rho}=-\frac{\overline{V}_0}{2}(1+\mathrm{i}\,\bar{\omega})F(\Omega\,\bar{x})\mathrm{e}^{-\bar{s}\bar{y}} \tag{3-69}$$

$$\bar{\varphi}=\frac{\overline{V}_0}{2}F(\Omega\,\bar{x})\mathrm{e}^{-\bar{s}\bar{y}}+\frac{\overline{V}_0}{2}[1-F(\Omega\,\bar{x})]-\mathrm{i}\delta\Omega\frac{\overline{V}_0}{2}F(\Omega\,\bar{x})\bar{y} \tag{3-70}$$

4. 交流电渗流场分析

流体的运动满足不可压缩 Navier-Stokes 方程：

$$\nabla\cdot u=0 \tag{3-71}$$

$$\rho_{\mathrm{m}}\frac{\mathrm{d}u}{\mathrm{d}t}=-\nabla p+\rho E+\eta\,\nabla^2 u \tag{3-72}$$

式中，u 是流体速度，E 是电场强度，ρ 是质量密度，η 是流体黏度，p 是压强。

实际运算中，由于在微区域内进行反应，雷诺数较小，所以可以采用控制方程的时均形式：

$$\frac{\partial u}{\partial x}+\frac{\partial w}{\partial y}=0 \tag{3-73}$$

$$0=-\frac{\partial p}{\partial x}-\langle\rho\frac{\partial\varphi}{\partial x}\rangle+\eta\left(\frac{\partial^2 u}{\partial x^2}+\frac{\partial^2 u}{\partial y^2}\right) \tag{3-74}$$

$$0=-\frac{\partial p}{\partial y}-\langle\rho\frac{\partial\varphi}{\partial y}\rangle+\eta\left(\frac{\partial^2 w}{\partial x^2}+\frac{\partial^2 w}{\partial y^2}\right) \tag{3-75}$$

其中，u 和 w 分别表示平行和垂直于电极表面的流体速度。采用式(3-22)至式(3-29)对控制方程中的变量(速度、压强)进行无量纲化处理，即有

$$\bar{p}=\frac{p}{2n_0k_{\mathrm{B}}T} \tag{3-76}$$

$$\bar{u}=\frac{u\eta L}{2n_0k_{\mathrm{B}}T\lambda_D^2} \tag{3-77}$$

$$\bar{w}=\frac{w\eta L^2}{2n_0k_{\mathrm{B}}T\lambda_D^3} \tag{3-78}$$

将式(3-76)～式(3-78)代入式(3-73)～式(3-75)便可以得到无量纲的时均形式控制方程：

$$\frac{\partial \bar{u}}{\partial \bar{x}}+\frac{\partial \bar{w}}{\partial \bar{y}}=0 \tag{3-79}$$

$$0=-\frac{\partial \bar{p}}{\partial \bar{x}}-\langle \bar{\rho}\frac{\partial \bar{\varphi}}{\partial \bar{x}}\rangle+\frac{\partial^2 \bar{u}}{\partial \bar{y}^2}+\delta^2\frac{\partial^2 \bar{u}}{\partial \bar{x}^2} \tag{3-80}$$

$$0=-\frac{\partial \bar{p}}{\partial \bar{y}}-\langle \bar{\rho}\frac{\partial \bar{\varphi}}{\partial \bar{y}}\rangle+\delta^2\frac{\partial^2 \bar{w}}{\partial \bar{y}^2}+\delta^4\frac{\partial^2 \bar{w}}{\partial \bar{x}^2} \tag{3-81}$$

一般地，两个调和函数的乘积可以表示为复函数的形式

$$\langle f(t)g(t)\rangle=\frac{1}{T}\int_0^T f(t)g(t)\mathrm{d}t=\frac{1}{2}\mathrm{Re}(fg^*) \tag{3-82}$$

式中，f 和 g 分别表示调和函数 $f(t)$ 和 $g(t)$ 的复振幅，g^* 表示函数 g 的复共轭。根据式(3-75)，压力分布可以表示为

$$\frac{\partial \bar{p}}{\partial \bar{y}}=-\langle \bar{\rho}\frac{\partial \bar{\varphi}}{\partial \bar{y}}\rangle=-\frac{1}{2}\mathrm{Re}\left(\bar{\rho}\frac{\partial \bar{\varphi}^*}{\partial \bar{y}}\right) \tag{3-83}$$

对上式进行积分可以得到

$$\bar{p}=p_0+\frac{1}{4}\left|\frac{\partial \bar{\varphi}}{\partial \bar{y}}\right|^2 \tag{3-84}$$

将式(3-76)代入式(3-74)可以得到

$$\frac{\partial^2 \bar{u}}{\partial \bar{y}^2}=\frac{\partial \bar{p}}{\partial \bar{x}}+\frac{1}{2}\mathrm{Re}\left(\bar{\rho}\frac{\partial \bar{\varphi}^*}{\partial \bar{x}}\right) \tag{3-85}$$

如果 $\bar{w}\ll 1$，这个式子可以进一步简化，此时有

$$\Omega\approx\frac{\bar{\omega}}{\delta} \tag{3-86}$$

由式(3-28)可知 δ 很小，因此其在式(3-69)与式(3-70)中可以忽略，得到

$$\bar{\rho}\approx-\frac{\bar{V}_0}{2}F(\Omega\bar{x})\mathrm{e}^{-\bar{y}} \tag{3-87}$$

$$\bar{\varphi}=\frac{\bar{V}_0}{2}F(\Omega\bar{x})\mathrm{e}^{-\bar{y}}+\frac{\bar{V}_0}{2}[1-F(\Omega\bar{x})] \tag{3-88}$$

其中

$$F(\Omega \bar{x})=\frac{2}{\pi}\int_0^{\infty}\frac{\sin(k\bar{x})}{k\bar{x}+\mathrm{i}\Omega\bar{x}}\mathrm{d}(k\bar{x}) \tag{3-89}$$

所以，微小区域内的压强分布函数可以简化为

$$\bar{p}=p_0+\frac{\overline{V}_0^2}{16}\left|F(\Omega\bar{x})\right|^2\mathrm{e}^{-2\bar{y}} \tag{3-90}$$

电极表面切向方向的流体速度为

$$\frac{\partial^2\bar{u}}{\partial\bar{y}^2}=\frac{\overline{V}_0^2}{16}\mathrm{e}^{-\bar{y}}\frac{\partial}{\partial\bar{x}}\left(\left|F(\Omega\bar{x})\right|^2\right) \tag{3-91}$$

由于 $\bar{y}=0$ 边界上流体速度为零，$\bar{y}\to\infty$边界上速度微商为零，将式(3-85)积分两次，可以得到双电层内电渗流体速度：

$$u=\frac{\overline{V}_0^2}{16}\mathrm{e}^{-\bar{y}}\frac{\partial}{\partial\bar{x}}\left(\left|F(\Omega\bar{x})\right|^2\right)-\frac{\overline{V}_0^2}{16}\frac{\partial}{\partial\bar{x}}\left(\left|F(\Omega\bar{x})\right|^2\right) \tag{3-92}$$

双电层外的电渗流体速度为

$$\overline{U}=-\frac{\overline{V}_0^2}{16}\frac{\partial}{\partial\bar{x}}\left(\left|F(\Omega\bar{x})\right|^2\right) \tag{3-93}$$

转换为普通形式，则

$$U=-\frac{\varepsilon V_0^2}{16\eta}\frac{\partial}{\partial x}\left(\left|F\left(\frac{\omega\varepsilon x}{\sigma\lambda_D}\right)\right|^2\right) \tag{3-94}$$

把式(3-88)作为流场求解的边界条件，便可进一步求解整个流场的速度分布。

3.4.4 交流电沉积潜在机理分析

根据式(3-88)，使用有限元方法对微区域内交流电沉积的电-液耦合场进行数值模拟，仿真使用的参数如表 3-1 和表 3-2 所示。

表 3-1 图 3-11(c)的有限元仿真参数

参数	数值
黏度 η/(Pa/sec)	1×10^{-3}
介电常数 ε/(F/m)	$20\times8.854\times10^{-12}$
电导率 σ/(S/m)	2.1×10^{-3}
峰峰值电压 V_0	10 V_{pp}
迪拜长度 λ_D/m	3×10^{-8}

表 3-2　图 3-11(d)有限元仿真参数

参数	数值
黏度 η/(Pa/sec)	1×10^{-3}
介电常数 ε/(F/m)	$20\times8.854\times10^{-12}$
电导率 σ/(S/m)	2.1×10^{-3}
峰峰值电压 V_0	10 V_{pp}
右电极直流偏置电压/mV	−700
迪拜长度 λ_D/m	3×10^{-8}

如图 3-11 所示，法拉第交流电渗流体的计算模拟速度在电极尖端达到了最大值，约为 0.35 mm/s。在半个交流电周期内，交流电渗作用下扩散层的厚度的变化可达 0.16 μm(交流电压频率为 1 kHz 时)。这一变化的影响对于 10 μm的电极间距来说是不能被忽略的。图 3-11(a)、(b)显示了微区域内交流电沉积制备金纳米材料时使用粒子图像测速法(PIV)拍摄的流场分布。流场中最大电渗流体速度为 0.103 mm/s，这一数值要略低于计算得到的结果。

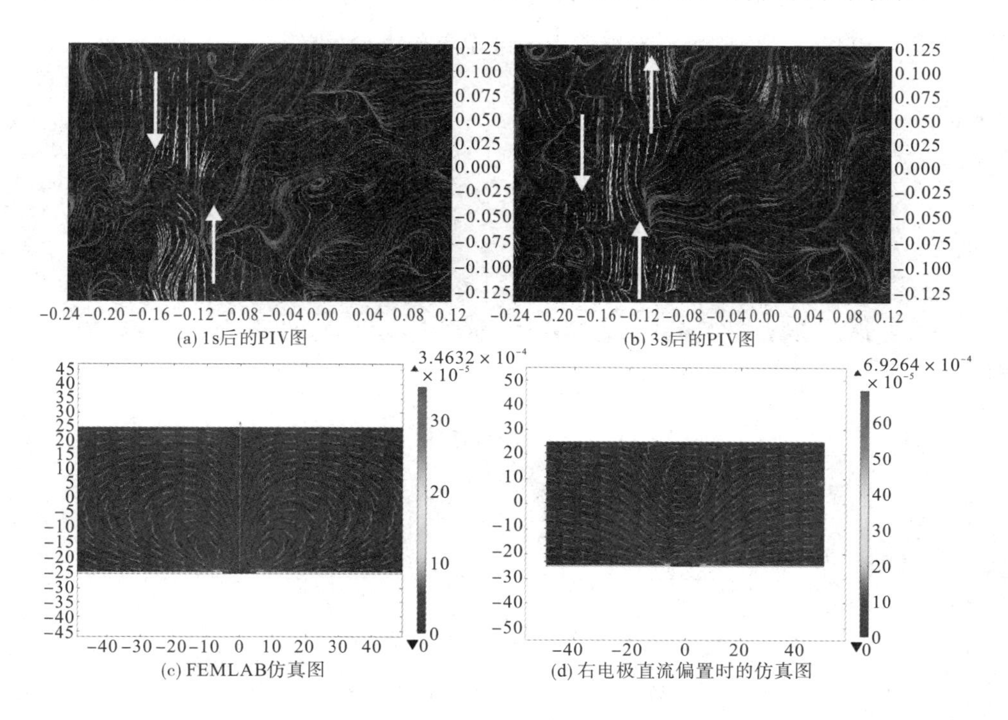

(a) 1s后的PIV图　(b) 3s后的PIV图

(c) FEMLAB仿真图　(d) 右电极直流偏置时的仿真图

图 3-11　PIV 图像和仿真图

从图 3－11(a)与图 3－11(b)中还可发现，反应开始时，流场流线比较规则。但是随着反应的进行，流场中出现了越来越多的漩涡。这些漩涡会对电极表面流线产生扰动。图 3－11(b)所示的是电化学沉积反应发生 3 s 后获得的流线图。由图 3－11(b)可以发现，在上电极的表面，流线分为了两个方向。PIV 图初步验证了通过数值模拟得到的交流电渗流体方向和最大速度数量级。但是，由于实验的电解液中加入了荧光粒子，电解液的物理化学属性发生了一定程度的变化，因此测得的流场中最大电渗流体速度略低于计算结果。

当右电极叠加一个直流偏置电压时，在负半周期，由于右电极相对零电位具有更小的电压，容易发生式(3－2)所示的反应，使得电极表面产生多余的负电荷。此时，两个电极扩散双电层内的电荷电性一致，因此，扩散层内的带电电荷在切向电场作用下，形成顺时针的环流(见图 3－12(a))。当进入下一个半周期，电极电位发生了变化，右电极由于负偏置，只能吸引少量的阴离子在电极表面积累，所以右边的小漩涡和左边的大漩涡形成竞争。如果直流偏置足够大，便可以保证正、负两个半周期内的电渗流体方向一致。

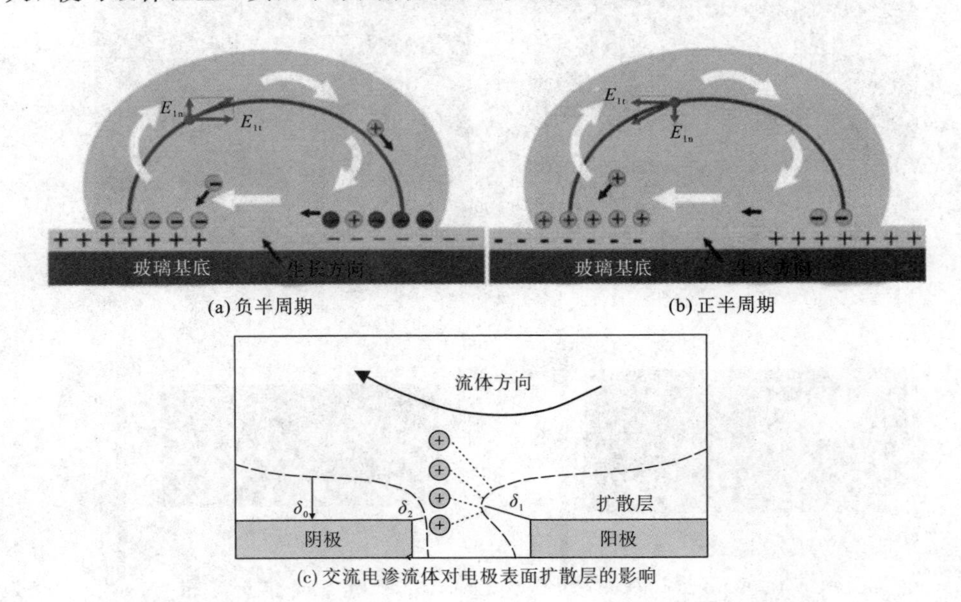

(a) 负半周期 (b) 正半周期

(c) 交流电渗流体对电极表面扩散层的影响

图 3－12　交流电渗流场示意图

由图 3－12 可以看出，当右电极由于负偏置产生单一方向的流场时，右电极处于流线上游，其边缘处的溶质将被运动着的流体快速带走，这将有效增加扩散层厚度。而左电极边缘处于流线下游，扩散层厚度被压缩，电沉积过程倾向于“反应控制”或者“扩散-反应联合控制”。此时，左电极上的纳米晶体不能再进入微区域内生长，而只能在电极表面生长，如图 3－12(b)所示。我们对右电极直流偏置电压为 700 mV 时的交流电渗流场进行了仿真计算。计算得到电极尖端的最大电渗流体速度约为 0.7 mm/s，与文献[52]给出的实验结果基本一致。

综上，本节基于微流体基础理论，介绍了法拉第交流电渗数学模型，以及微区域内的电-液耦合场的数值模拟。分析了交流电沉积反应过程中传质的主要方式以及法拉第交流电渗的作用机制。结果表明，电泳是微区域内交流电沉积的主要传质方式。进一步分析还发现：当电极电势增大，电极表面会发生法拉第反应，电容交流电渗的流体方向会发生逆转。电极处于流线上游，电极尖端的金属阳离子被迅速带走，从而使扩散层厚度增加，这种情况更有利于枝晶进入微区域内生长。当在交流电压的基础上，叠加一个直流负偏置电压时(以右电极为例)，两个外旋的 ACEO 漩涡会一致向电位较正的电极方向流动，从而使左电极扩散层压缩，电化学结晶倾向于膜状生长；而负偏置的电极(右电极)扩散层扩张时，电化学结晶倾向于枝晶形态生长。

3.5　基于交流电沉积的金纳米材料的制备

3.5.1　交流电压频率对金纳米材料的影响

在讨论交流电压频率对电结晶纳米材料形貌的影响时，首先要比较直流电沉积与交流电沉积的不同。按照经典的电化学理论，只有到达双电层表面的金属阳离子才能够被还原成吸附离子，继而成核、长大。对于直流电沉积的情况，随着电化学反应的进行，阳离子的耗尽层会逐步向本体溶液扩展。使用浓度为1/100原液的AuI_3进行实验，如图3-13(a)所示，当采用2.0 V直流电压，并且沉积时间为1 min时，电结晶在整个阴极表面形成。但是由于二次电流和三次电流分布的影响，在电极尖端和边缘处亦有相对较多的晶体生长。

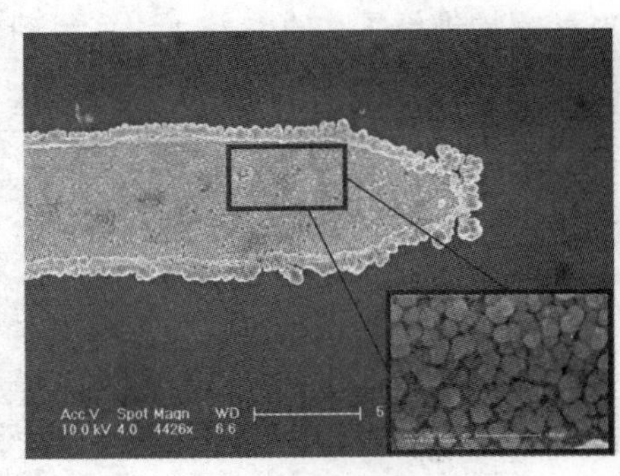

(a) 直流电沉积

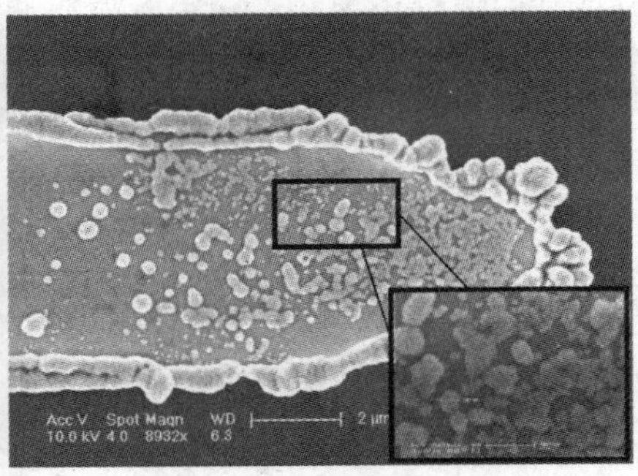

(b) 交流电沉积

图3-13 电结晶的扫描电镜图

图3-13(b)显示了交流电压幅值为4.0 V_{pp}，交流电压频率为700 Hz时的沉积物形貌图。比较图3-13(a)可以发现，距离电极尖端越远，成核率越低，电结晶晶体越稀疏，晶体倾向于单一方向生长，而不是向各方向同时生长。当交流电压频率进一步升高时(见图3-14)，只在电极尖端和边缘有晶体生长。考虑一个完整的交流电周期，当所研究的电极处于负半周期时，通过静电作用电迁移到双电层表面的$[AuCl_2]^-$和$[AuI_4]^-$将会被部分还原。其他的将会在下个半周期被吸引至另一个电极表面。

由3.4节分析可知，电化学反应中，电泳是主要的传质方式。

$$v_{EP}=\mu_{EP}E \qquad (3-95)$$

其中，v_{EP}为离子的电泳速度；μ_{EP}是离子的淌度，单位为$m^2/(V\cdot s)$。一般，离子淌度会随着电场强度以及交流电压频率的变化而变化。Debye-Falkenhagen通过实验发现，电解液电导在具有足够高频率的交流电场中会增大。因为在高频的交流电场中，离子氛没有足够的时间去形成。特别地，离子氛的弛豫时间

$\tau > f^{-1}$，但是，观察到这一现象所需交流电压频率高达 $10^7 \sim 10^8$ Hz。另外，他们还发现，当电场强度达到 2×10^7 V/m，中心离子穿越其离子氛所需的时间会小于离子氛的弛豫时间，离子在强电场作用下的运动速度明显加快。我们采用交流电沉积法制备金纳米材料的实验的电极间距为 10 μm，如果要在本体溶液中达到这一电场强度，则电极之间需要大约 200 V 的电压，并且需要双电层无压降损耗才能获得。所以我们并未考虑离子淌度对电场强度及交流电压频率的依赖性。

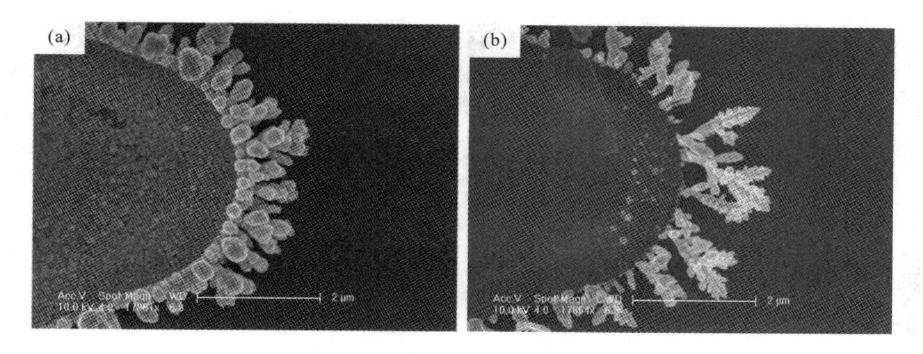

图 3－14　不同交流电压频率下，电化学结晶的扫描电镜图

（电解液为 AuI_3，浓度为原液的 1/100，图(a)的电化学参数为 5.0 V_{pp}、1 kHz，电沉积时间为 15 s；图(b)的电化学参数为 5.0 V_{pp}、10 kHz，沉积时间为 15 s）

电化学沉积过程中，溶液的主要传质方式为电泳。尤其在低频时，络合离子的运动速度与电场强度正比相关。当电化学反应传质受限时，电流密度与电场强度也正比相关，所以电场强度大的位置能够获得更多的物质传递和更大的电流密度，如图 3－14(b)所示的电极尖端。

交流电压频率升高时，传质与电沉积的总时间减少，如图 3－7 所示。正半周期内获得络合离子减少，但是传质速度加快。因而在有限时间内，络合离子会集中到电场强度大的电极边缘与尖端。另外，由于等效过电位逐渐降低，成核率降低。交流电压频率升高同时意味着晶体生长时间变短，总的效果是枝晶的直径减小。枝晶生长速度 $v_{\text{dendritic}}$ 为

$$v_{\text{dendritic}} = \frac{2D\tilde{\rho}}{R_{\omega}} \tag{3-96}$$

其中，D 和$\tilde{\rho}$是关于电化学系统的函数。根据公式(3－96)可知，枝晶直径减小同时伴随着枝晶生长速度的增加，这与实验中观测到的现象是一致的。图 3－14(a)、图 3－14(b)、图 3－15(a)分别显示了交流电压幅值为 5 V_{pp}，频率分别为1 kHz、10 kHz和 50 kHz 时的纳米结构形貌扫描电镜图。从图中可以发现，随着交流电压频率的升高，电极边缘处的晶体生长逐步过渡为扩散控制。不改变原电解液浓度、交流电压频率、交流电压幅值等化学条件，延长交流电沉积时间(90 s)，枝晶会快速生长、搭接并发生熔融，从而得到纳米线结构(见图 3－15(b))。

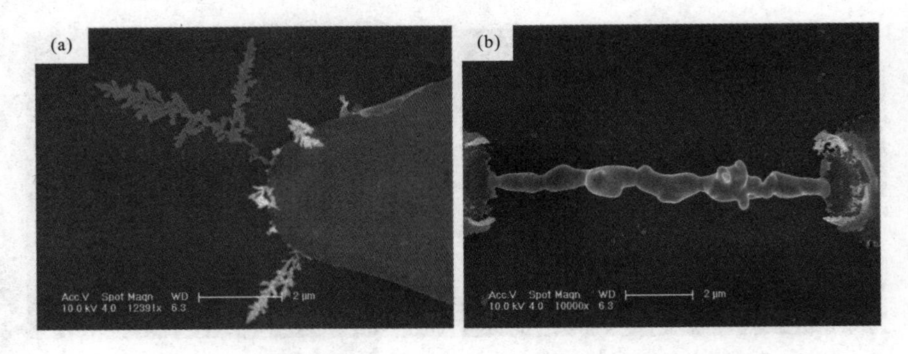

图 3－15 不同交流电沉积时间下，电化学结晶的扫描电镜图

3.5.2 交流电压幅值对金纳米材料的影响

交流电压幅值对于交流电沉积金纳米材料的影响体现在以下几个方面。首先，只有当等效交流电路中的等效过电位大于 25 mV 时，纳米结构才能在电极之间生长。也就是说，对于一定浓度的电解液和一定频率的交流电压，只有当电压幅值超过阈值时，电化学反应方能进入传质控制过程。如果交流电压幅值过低，微流体的作用减小，电结晶将在电极表面生长。其次，电压对于晶体形貌的影响依赖于交流电压频率的大小。当交流电压频率较高时，双电层的屏蔽作用较弱，提高电压一方面可以明显提高双电层过电位，另一方面会加快本体溶液中的传质速度，此时，提高电压幅值会使枝晶致密粗壮。但是，当交流电压频率较低时，电极电势将被双电层屏蔽。提高交流电压幅值不会对传质产生明显的影响，此时只能提高双电层过电位。由于低频时电化学结晶本来就是紧贴电极表面生长，因而过电位增加只能起到加剧氧化还原反应的作用。最后，电压还可以通过交流电渗来影响电结晶形貌。提高交流电压幅值，交流电渗流体速度加快，扩散层厚度增加，如图 3－16 所示，电解液为 500 倍稀释的 AuI_3 溶液，交流电压频率为 3 MHz，右电极直流偏置为－700 mV，其他电极电位浮动。图 3－16(a)采用的交流电压幅值为 15 V_{pp}，图 3－16(b)采用的交流电压幅值为 20 V_{pp}。当提高交流电压幅值时，枝晶形貌的变化符合上述规律。其他小组的实验也证明可通过电压幅值对枝晶维数进行控制[38]。

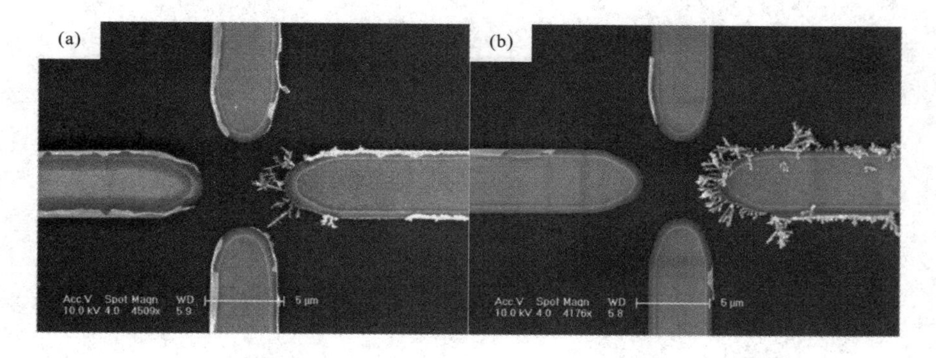

图 3－16　不同交流电压幅值下，金纳米结构的扫描电镜图

3.5.3　直流偏置电压对金纳米材料的影响

正如 3.4 节所述，直流偏置电压可以改变电极表面的双电层结构，从而改变电渗流体方向，最终实现对纳米材料生长方向的控制。图 3－17 显示了不同直流偏置电压下金纳米材料的生长状况，实验均采用 300 倍稀释的 AuI_3 溶液作为电解液。其中，图 3－17(a)的实验条件为“左”“右”电极之间施加 10 V_{pp}、10 kHz 的交流电压，无直流偏置电压，其他电极电位浮动。图 3－17(b)的实验条件为“左”“上”电极之间施加 10 V_{pp}、10 kHz 交流电压，“左”电极直流电压偏置为－700 mV，其他电极电位浮动。图 3－17(c)的实验条件为“左”“右”电极之间施加 10 V_{pp}、10 kHz 交流电压，“左”电极直流偏置电压为 －700 mV，其他电极电位浮动。图 3－17(d)的实验条件为“左”“右”电极之间施加 20 V_{pp}、10 kHz 的交流电压，“左”电极直流偏置电压为

−700 mV，其他电极电位浮动。如图所示，当左、右电极接入交流电压而无直流偏置电压时(见图 3－17(a))，两个电极表面均有电结晶生成，电结晶不能在电极微区域内生长。在此基础上，当左电极接入−700 mV 直流偏置电压时，左边电极生长枝晶，并开始伸入微区域内生长(见图 3－17(c))。

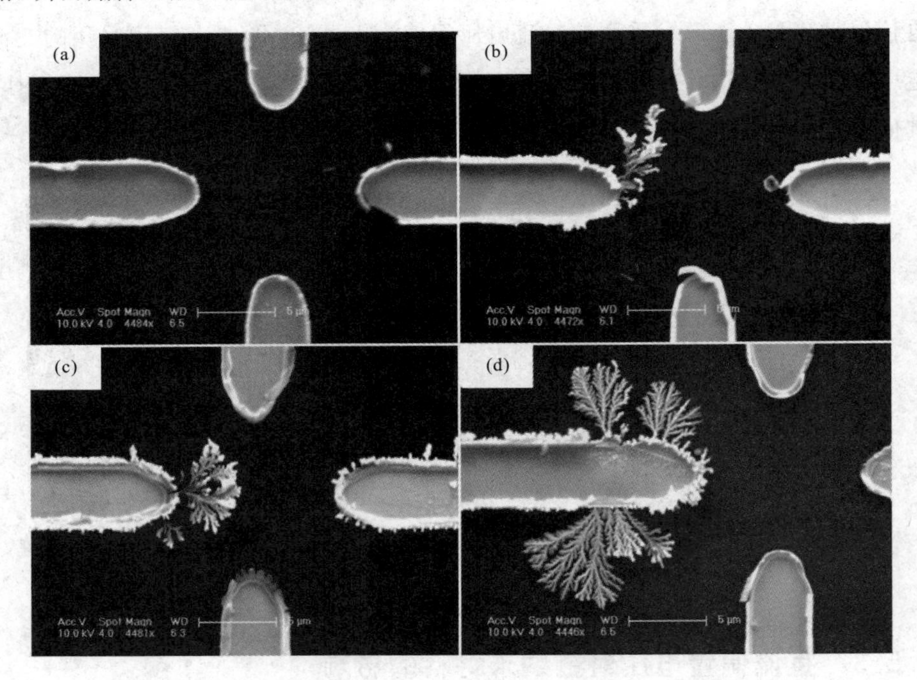

图 3－17　不同直流偏置电压下金纳米结构的扫描电镜图

为了进一步验证交流和直流电压的作用，将左电极和上电极接入回路(见图 3－17(b))。当左电极保持直流偏置电压时，金纳米枝晶在微区域内生长，且生长方向被控制在接入交流电压的两个电极之间，如图 3－17(b)、(c)所示。在保持图 3－17(c)的工作条件不变，升高交流电压幅值时，成核率升高，分形数增加，晶体向着二维网状的形式发展(见图 3－17(d))。

我们对四电极结构的电场分布进行了仿真，如图 3－18 所示。比较图 3－18(a)与图 3－17(b)，图 3－18(b)与图 3－17(c)可知，枝晶沿着电场线的方向生长，并且从负偏置的电极一段开始生长。

进一步，结合图 3－12 分析可知，对于 300 倍的稀释液，当交流电压频率为 10 kHz，交流电压幅值为 10 V_{pp}且无直流偏置时(见图 3－17(a))，微区域内尚未产生外旋的交流电渗流场，电极尖端不满足枝晶生长的条件，所以电化学晶体紧贴电极表面生长。

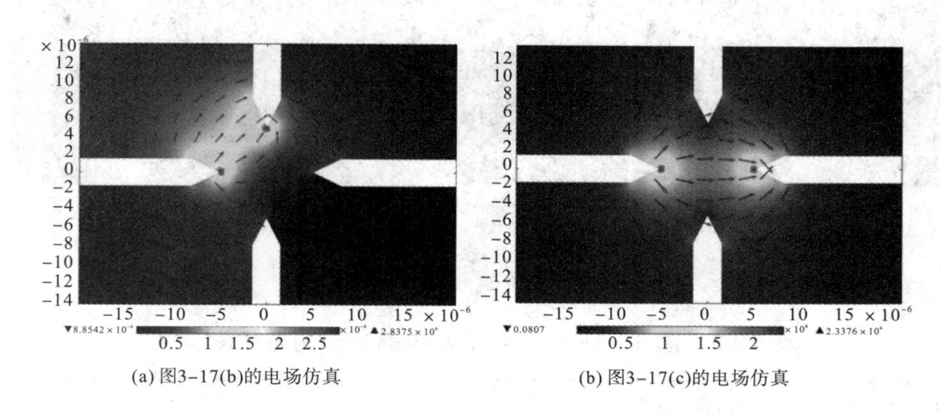

(a) 图3-17(b)的电场仿真　　(b) 图3-17(c)的电场仿真

图 3－18　仿真模拟计算结果

在此基础上，当左边电极叠加一个直流偏置时，其电极表面产生了法拉第反应(见图 3－17(b))。根据 3.4 节的分析可知，电极微区域内将产生左旋的交流电渗流场，左边电极处于流线上游，扩散层增厚。在扩散条件作用下，物质传递主要在左电极和上电极之间发生。因此，金纳米枝晶开始在微区域内生长。

综上所述，使用直流偏置电压的交流电沉积可以实现对纳米材料生长方向及位置的控制。图 3－19 显示了使用不同交流电压幅值、交流电压频率、电解液浓度以及直流偏置电压条件时，不同电极对之间的微区域内制备的金纳米枝晶。图 3－19 所示金纳米枝晶生长的电化学参数如表 3－3 所示。

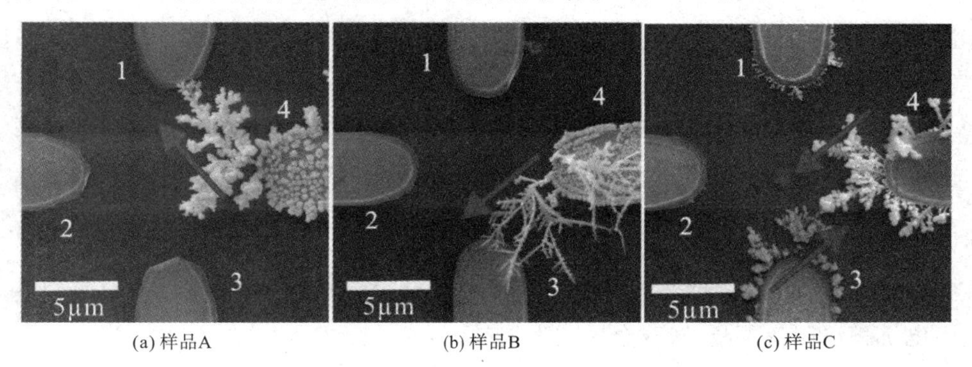

(a) 样品A　　(b) 样品B　　(c) 样品C

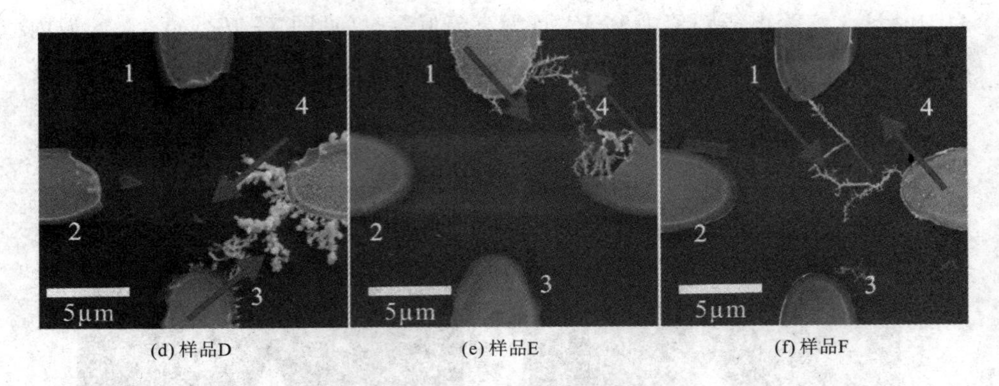

(d) 样品D (e) 样品E (f) 样品F

图 3-19 扫描电镜图

表 3-3 图 3-19 所示金纳米枝晶生长的电化学参数

样品	交流电压幅值	交流电压频率/MHz	$AuCl_3$ 浓度/mM	直流偏置电压
A	8 V_{pp}	1	2	1，4 接电源；2，3 浮动；4 偏置电压为−800 mV
B	8 V_{pp}	10	2	3，4 接电源；1，2 浮动；3 偏置电压为+800 mV
C	6 V_{pp}	5	1	3，4 接电源；1，2 浮动；无直流偏置电压
D	3 V_{pp}	5	1	3，4 接电源；1，2 浮动；无直流偏置电压
E	4 V_{pp}	10	0.5	1，4 接电源；2，3 浮动；无直流偏置电压
F	4 V_{pp}	10	0.1	1，4 接电源；2，3 浮动；无直流偏置电压

3.5.4 交流电压频率对金-银双金属纳米材料的影响

金是一种惰性元素，具有良好的物理稳定和生物兼容性。银具有目前最高的表面增强拉曼散射(SERS)系数，但是容易被氧化。研究者认为金-银双金属纳米材料可以集合两种材料的优点，是一种性能优异的 SERS 基底材料。已有相关报道[53]使用金-银双金属纳米材料作为 SERS 基底。我们通过微区域内交流电沉积法制备了金-银双金属纳米枝晶。

如图3-20所示，我们利用不同浓度的AuI_3稀释液与$AgNO_3$溶液的混合液制备了双金属枝晶，并分析了各成分浓度以及交流电压频率对于纳米结构形貌和成分的影响。图3-20(a)的实验条件：20 V_{pp}，500 kHz的交流电压，电解液由1 mM $AgNO_3$和100倍稀释的AuI_3溶液组成。图3-20(b)的实验条件：20 V_{pp}，1 MHz的交流电压，电解液由1 mM $AgNO_3$和100倍稀释的AuI_3溶液组成。图3-20(c)的实验条件：20 V_{pp}、500 kHz的交流电压，电解液由0.1 mM $AgNO_3$和100倍稀释的AuI_3溶液组成。图3-20(d)的实验条件：20 V_{pp}、500 kHz的交流电压，电解液由1 mM $AgNO_3$和1000倍稀释的AuI_3溶液组成。如图所示，图3-20(a)和图3-20(b)使用了相同的电解液成分、不同的交流电频率。当交流电压频率升高时，枝晶的直径减小。

图3-20　不同电化学条件下的金-银双金属枝晶扫描电镜图

进一步分析EDS数据发现，当交流电压频率升高后，双金属混合物含有更高的金-银组分比(见图3-21(a))。到目前为止，关于金的络合物离子和阴离子对于交流电压频率的依赖性的文献和数据还非常有限，因而尚无法根据实验结果给出定量解释。但是可以推断，这与Debye-Falkenhagen现象有着重要的联系[54]，也就是说这两种离子在不同的交流电压频率下的运动速度不同，因而同一时间内到达电极表面的离子混合物组分会随着频率的变化而发生变化。

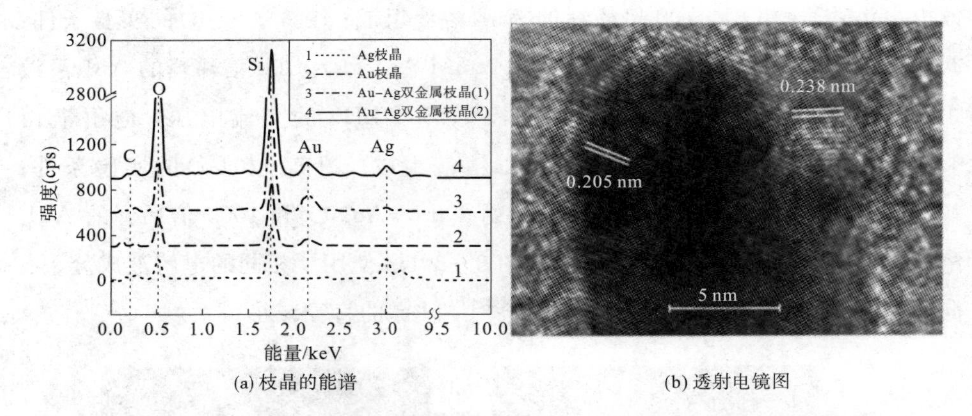

(a) 枝晶的能谱　　(b) 透射电镜图

图 3-21　枝晶的能谱和透射电镜图(cps 指每秒采集到的信号数)

为了进一步分析，对图 3-20 所示的枝晶样品做透射电镜实验。透射电镜使用的是 FEI 公司的 TecnaiTF-20 场发射高分辨率透射电镜，工作电压为200 kV。在透射电镜实验之前，首先制备用于转移枝晶的钨针尖；其次在探针台上，用该针尖把枝晶切断；再次用针尖吸附枝晶；最后把部分结构转移到碳膜铜网上。分析结果如图 3-21(b)所示。枝晶为多晶结构，0.238 nm 和 0.205 nm 分别对应于(111) 晶面和(200)晶面。但是由于金和银的晶面常数区别较小，枝晶中无法分辨哪些是金区域，哪些是银区域。多晶结构可能是由银离子、金离子具有不同的标准电极电位($E^{\ominus}(Ag^+/Ag)=+0.799$ V，($E^{\ominus}(Au^+/Au)=+1.83$ V)造成。当电极过电位较低时，银原子先沉积，银的晶体在生长的过程中又可给金吸附原子提供更多的活性位点，从而诱导金原子还原。这样，图中的不同晶向代表了不同的组分。另外，当过电位较高时，两种离子可能会同时被还原。此外，由于电化学沉积过程中，会产生大量的热，因而金属吸附原子具有很大的能量，可能相互扩散生成金-银合金。

3.5.5　电解液组分对金-银双金属纳米材料的影响

图 3－20 还展示了电解液组分对交流电沉积金-银双金属纳米材料的影响。图 3－20(a)、图 3－20(c)、图 3－20(d)使用了相同的电化学参数，但是电解液组分浓度不同。其中图 3－20(a)所示的枝晶使用了 1 mM $AgNO_3$ 和 100 倍稀释的 AuI_3 溶液制备；图 3－20(c)所示的枝晶使用了 0.1 mM $AgNO_3$ 和 100 倍稀释的 AuI_3 溶液制备；图 3－20(d)所示的枝晶使用了 1 mM $AgNO_3$ 和 1000 倍稀释的 AuI_3 溶液制备。组分浓度不同，交流电沉积的枝晶形貌具有较大差异。分析图 3－21(a)中的能谱曲线发现：只有曲线 4 有 Au 与 Ag 的特征峰；当电解液中的 $AgNO_3$ 含量较低时(见图 3－20(c))，曲线 2 中只有 Au 的特征峰；相应地，当电解液中的 AuI_3 含量降低时(见图 3－20(d))，曲线 1 中只有 Ag 的特征峰。上述实验结果表明：可以通过调整双金属电解液的组分浓度控制枝晶的形貌结构和成分。

3.5.6　交流电沉积制备金纳米材料条件优化

综上所述，在微区域内指定位置，以特定方向实现特定维度的金纳米材料生长应掌握以下几个原则。

首先，交流电压频率需要高于阈值频率。由于实验条件所限，如果电极表面缺少台阶、位错、纽结等活性位点，可以先使用低频交流电沉积，增加活性位点的数量，再用高频低幅值交流电压控制枝晶的生长位置及形貌。

其次，在满足“交流电压频率高于阈值频率”的前提下，可进一步调整交流电压幅值。此外，直流偏置电压也是控制枝晶生长的关键因素。通过控制法拉第交流电渗的流体方向，可以改变电极表面的扩散层厚度，从而控制微区域内纳米材料的生长方向。

微区域内交流电沉积还可实现电化学结晶的维度控制。如要实现零维量子点，一般使用低频交流电压生长。若要实现一维纳米线，则需要加入添加剂，形成特异性吸附。需要指出的是，还可通过控制电极运动来制备超长纳米线。

该方法的原理：通过移动电极来调控纳米线尖端与固定电极尖端之间的距离，以控制流场内的电场强度，最终达到金纳米材料成核率与形貌调控的目标。二维的纳米网则可以通过设计电极形状、延长沉积时间来实现。

如图 3-22(a)所示，采用 2 mM $AuCl_3$与 40 mM KCl 混合溶液，并施加 8 V_{pp}、1 MHz 的交流电压驱动时可以得到纳米枝晶结构。当使用 500 倍稀释 AuI_3与1 mM $AgNO_3$混合液，以及 12 V_{pp}、10 MHz 交流电压驱动时，则可得到双金属纳米枝晶(见图 3-22(b))。如图 3-22(c)所示，将 100 倍稀释的 AuI_3溶液作为电解液，使用 5 V_{pp}、13 MHz 交流电压驱动微电极时可获得纳米线(图 3-22(d)是图3-22(c)的局部放大图)。通过更加细致地电化学参数调控，还可获得零维纳米岛(见图 3-22(e))与超长的一维纳米线(见图 3-22(f))。

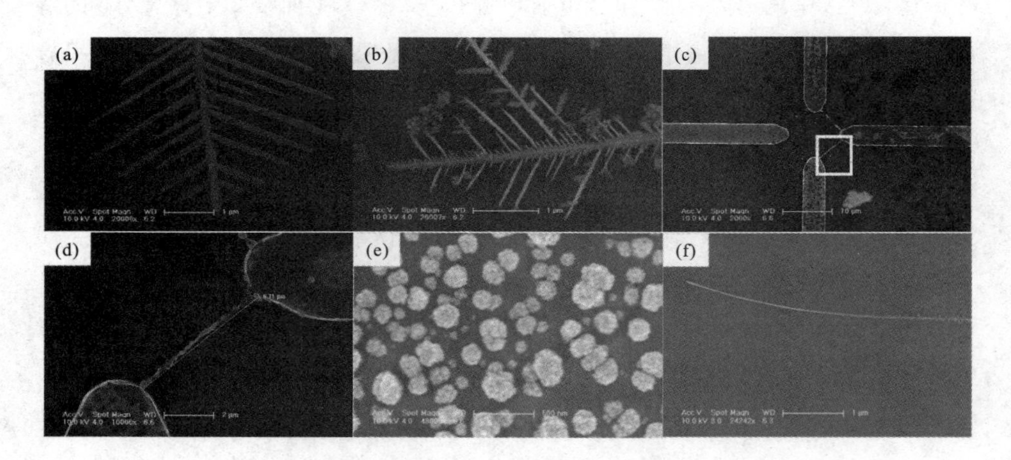

图 3-22 不同结构的金纳米材料扫描电镜图

第4章　有机半导体材料的交流电沉积

4.1 引　言

本书第3章介绍了使用交流电沉积法制备金纳米材料的方法与控制纳米材料结构、成分、形貌的潜在机理。由于导电高分子，其分子结构中含有单双键交替出现的长链，是具有共轭 π 键的高分子。因此导电高分子经电化学或化学掺杂以后，其电导率介于导体和绝缘体之间，从而展现出半导体特性。本章将介绍有机半导体材料聚3，4-乙烯二氧噻吩：聚苯乙烯磺酸(PEDOT：PSS)的交流电沉积。

4.2 PEDOT: PSS纳米结构的交流电沉积

4.2.1 PEDOT：PSS纳米结构的形貌表征

德国BAYER公司在20世纪80年代研发出一种新的聚噻吩衍生物——聚3，4-乙烯二氧噻吩(PEDOT)。PEDOT因具有导电性高、可见光区透光率高、成膜性好、光热下具有高稳定性、绿色环保等优点，而具有极大应用价值。但是本征态PEDOT不溶于水，这种性质极大地限制了其实际应用。NaPSS(聚苯乙烯磺酸钠)是一种表面活性剂，能够帮助PEDOT链段在水中更好地分散。掺杂状态下的带正电荷的 PEDOT 被带负电荷的聚合阴离子PSS^-所稳定。PEDOT：PSS 不仅可以溶于水溶液中，而且具有成膜性好，导电性高（约 10 S/cm）、透光率高和极好的稳定性等优点[55]。制备 PEDOT：PSS 依然采用图3-1 所示工艺与图 3-2 所示实验装置，所需的化学试剂及其规格见表 4-1 所示。

表 4-1 交流电沉积 PEDOT：PSS 所用的化学试剂及其规格

实验材料	纯度	生产厂家
3，4-乙烯二氧噻吩	分析纯	上海阿拉丁生化科技股份有限公司
聚苯乙烯磺酸钠	分析纯	上海阿拉丁生化科技股份有限公司
丙酮	分析纯	国药集团化学试剂有限公司
乙醇	分析纯	国药集团化学试剂有限公司

电解液配制过程如下：

(1) 称量 0.03 g 的 PSS，将其加入 10 ml 的容量瓶；

(2) 滴加 0.07 g 的 EDOT 单体至容量瓶；

(3) 加去离子水，定容至 10 ml 后，40℃水浴加热并搅拌 3 h，至 EDOT 与 PSS 完全溶解。所用水为超纯水，其电阻率大于 18.2 MΩ·cm。

图 4-1(a)显示了在交流电压幅值为 4 V_{pp}，频率为 50 Hz，无直流偏置电压的条件下，聚合形成的 PEDOT：PSS 形貌结构，该结构呈膜状且比较均匀；图 4-1(b)显示了在交流电压幅值为 4 V_{pp}，频率为 1 kHz，直流偏置电压为 +1 V的条件下，聚合形成的 PEDOT：PSS 形貌结构，施加偏置的一端率先聚合沉积 PEDOT：PSS，形貌结构由膜状转变成枝晶状；随着频率进一步升高（见图 4-1(c)），电极之间聚合的 PEDOT：PSS 枝晶由多根转变为单根；频率升高至 100 kHz(见图 4-1(d))时，单根枝晶的主干直径逐渐变细，形成粗细比较均匀的纳米线；图 4-1(e)显示了在交流电压幅值为 6 V_{pp}，频率为 500 kHz，直流偏置电压为+1 V 的条件下，聚合形成的 PEDOT：PSS 形貌结构，PEDOT：PSS 纳米线变得越来越细；图 4-1(f)显示了当电极两端的交流电压幅值升高到 8 V_{pp}，交流电压频率为 500 kHz，聚合形成的 PEDOT：PSS 形貌结构，多根 PEDOT：PSS 纳米线将沿着电场线的方向连接两个电极。

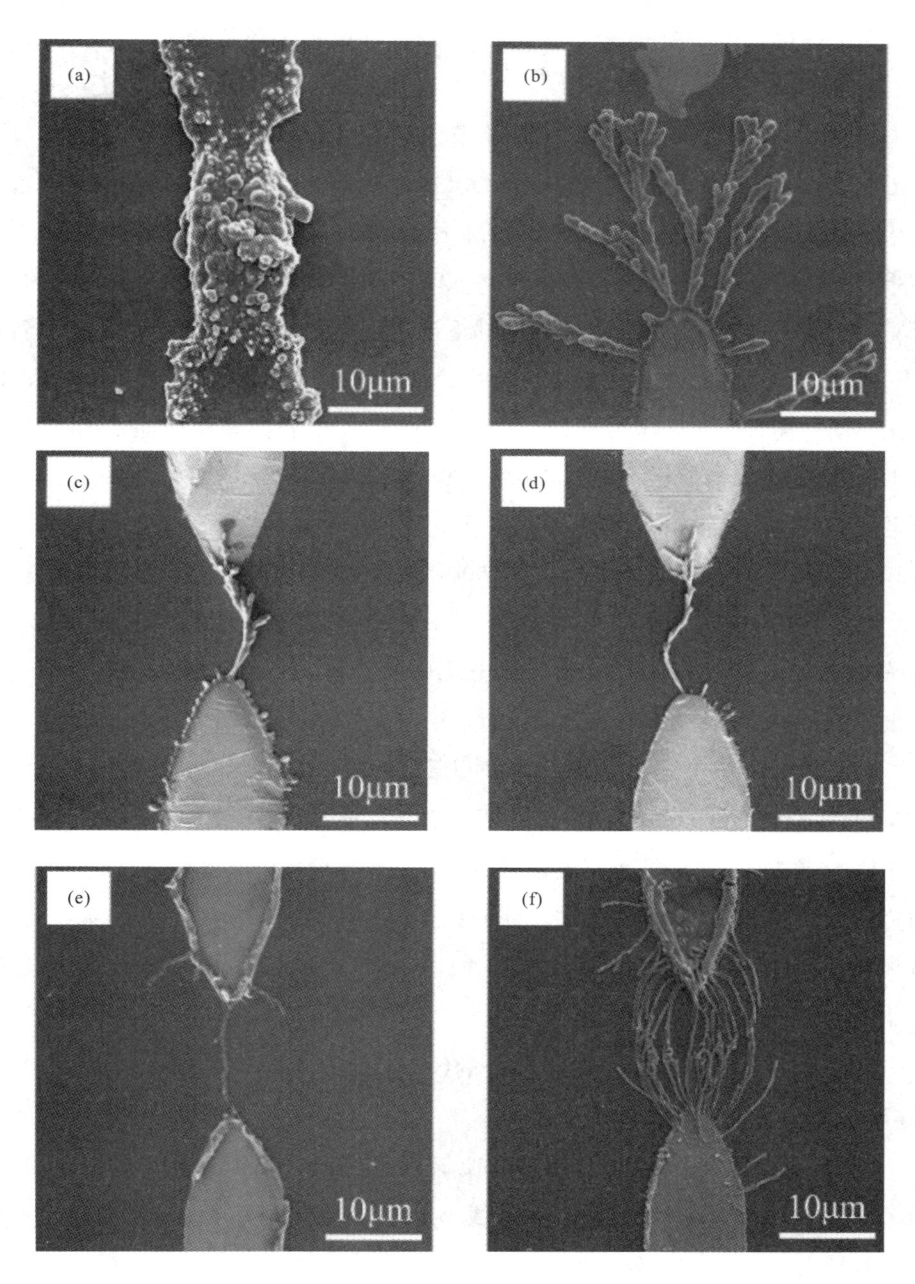

图 4-1　不同电化学参数条件下聚合形成的 PEDOT：PSS 形貌结构扫描电镜图

为了获得更加精细的表面结构特征，对不同电化学参数条件下的 PEDOT：PSS 形貌结构进行原子力显微镜表征。测试结果如图 4－2 所示，图4－2(a)的实验在 4 V_{pp}、50 Hz 的交流电压驱动，无直流偏置电压条件下进行，获得的 PEDOT：PSS 膜状结构的厚度为 3.1～5.5 μm，宽度为 10～15 μm，该结构比较均匀，PEDOT：PSS 完全覆盖在电极表面；图 4－2(b)的实验在 4 V_{pp}、1 kHz的交流电压驱动，直流偏置电压为＋1 V 的条件下进行，获得的枝晶状 PEDOT：PSS 的主干直径变化范围是 1.0～2.5 μm；图 4－2(c)的实验在 4 V_{pp}、10 kHz的交流电压驱动，直流偏置电压为＋1 V 的条件下进行，获得的单根枝晶主干直径范围为 0.8～1.6 μm；图 4－2(d)的实验在4 V_{pp}、100 kHz 的交流电压驱动，直流电压偏置电压为＋1 V 条件下进行，获得的纳米线的直径范围为0.3～0.5 μm；图 4－2(e)的实验在 6 V_{pp}、500 kHz 的交流电压驱动，直流偏置电压为＋1 V 条件下进行，获得的 PEDOT：PSS 纳米线直径约为 0.25 μm；图 4－2(f)的实验在 8 V_{pp}、500 kHz 的交流电压驱动，无直流偏置电压条件下进行，获得的纳米线直径约为 0.2 μm。

为了研究交流电化学沉积参数对 PEDOT：PSS 纳米结构的影响，使用 532 nm 波长的激光进行拉曼光谱表征，结果如图 4－3 所示。以交流电压幅值为 4 V_{pp}，频率为 50 Hz，无直流偏置电压时，聚合形成的 PEDOT：PSS 膜状结构为对照组进行分析。1432 cm^{-1} 处的拉曼峰，代表着 PEDOT 分子噻吩环上对称结构的C_α═C_β双键的拉伸振动；1510 cm^{-1} 和1560 cm^{-1} 处的拉曼峰代表了非对称C_α═C_β的拉伸振动；1366 cm^{-1} 和 1267 cm^{-1} 处的拉曼峰分别代表C_β—C_β拉伸和每两个噻吩环的连接处的C_α—C_α的拉伸振动；1105 cm^{-1} 处的拉曼峰代表着 C—O—C 键的变形运动。

随后，通过两组实验来分别探究交流电压幅值和交流电压频率对形成的 PEDOT：PSS 聚合结构的影响。第一组实验固定交流电压频率为 50Hz，且无直流偏置电压，交流电压幅值分别为 3.6 V_{pp}、3.8 V_{pp}、4.0 V_{pp}(见图4－3(a)、(c)、(e))。第二组固定交流电压幅值为 4.0 V_{pp}，直流偏置电压为＋1 V，交流电压频率分别为 20 kHz、100 kHz、400 kHz(见图 4－3(b)、(d)、(f))。具体

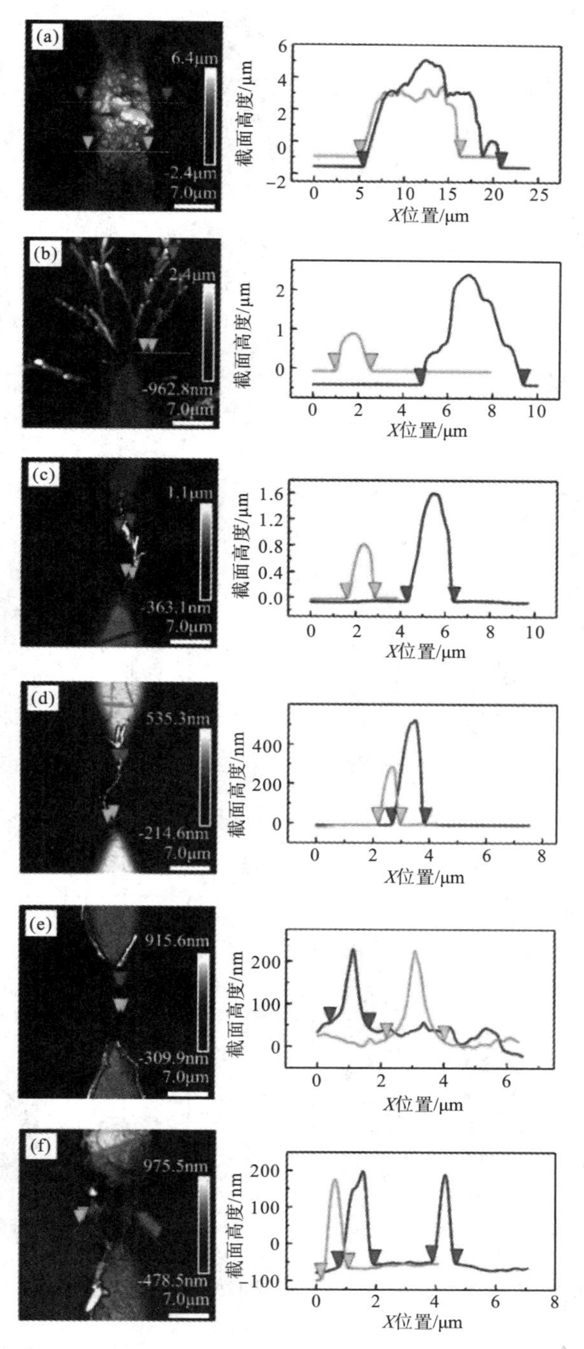

图 4-2　不同电化学参数条件下聚合形成的 PEDOT：PSS 形貌结构原子力显微镜图

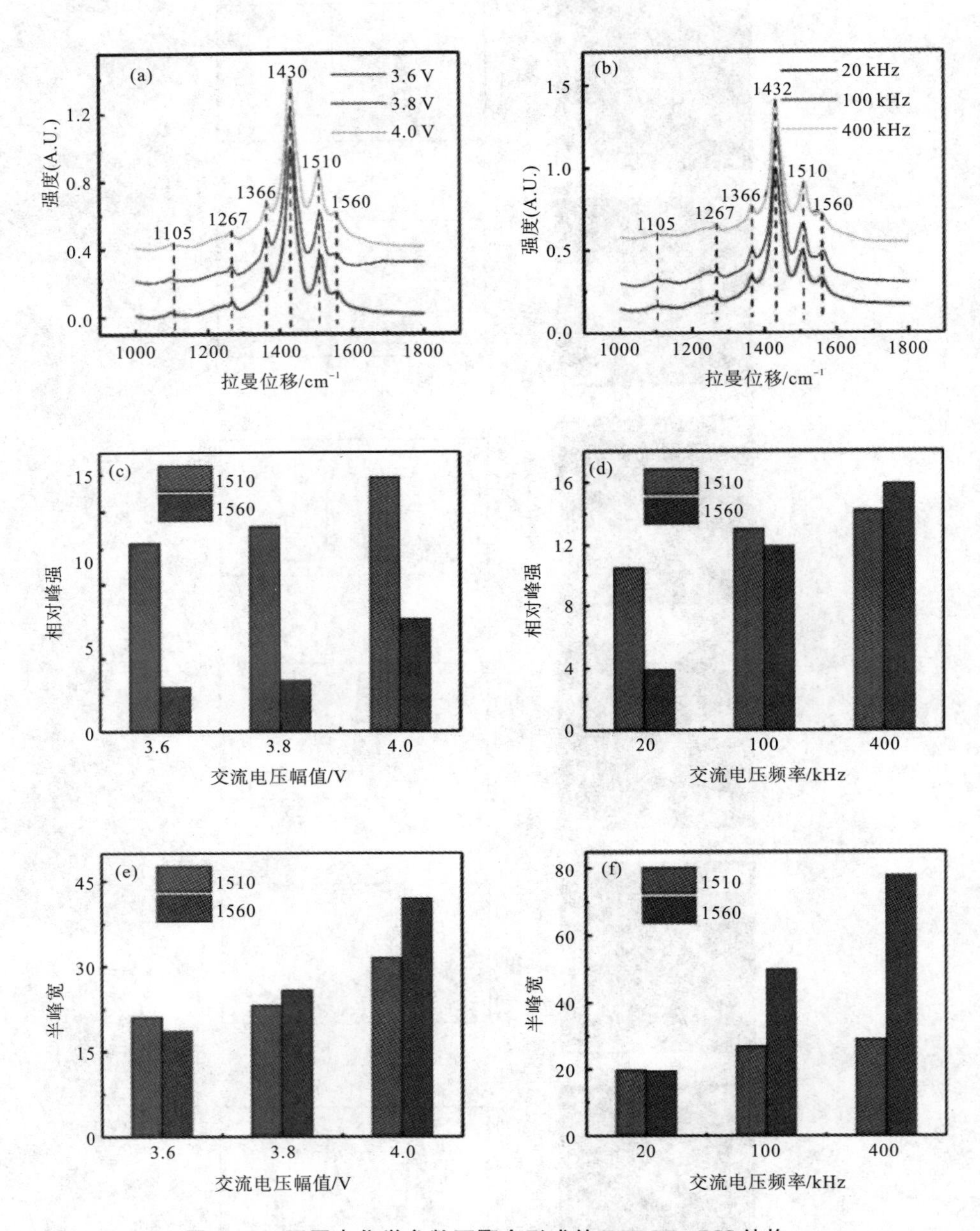

图 4-3　不同电化学参数下聚合形成的 PEDOT：PSS 结构

来说，图4－3(a)表示在交流电压幅值为(3.6～4.0) V_{pp}，频率为 50 Hz，无直流偏置电压条件下，聚合的 PEDOT：PSS 在 1000～1800 cm^{-1}位移范围内的拉曼光谱图。图 4－3(b)表示在交流电压幅值为 4.0 V_{pp}，直流偏置电压为＋1 V，频率为20～400 kHz 条件下，聚合的 PEDOT：PSS 在 1000～1800 cm^{-1}位移范围的拉曼光谱图。图 4－3(c)、(e)表示在(3.6～4.0) V_{pp}、50 Hz 交流电压，且无直流偏置电压条件下，1510 cm^{-1}和 1560 cm^{-1}峰位的拉曼光谱相对峰强、半峰宽。图 4－3(d)、(f)表示在 4.0 V_{pp}，20～400 kHz 交流电压，且直流偏置电压为＋1 V 条件下，1510 cm^{-1}和 1560 cm^{-1}峰位的拉曼光谱相对峰强、半峰宽。对拉曼测量的结果依照 1432 cm^{-1}处代表噻吩环上对称结构的 $C_\alpha{=}C_\beta$双键的拉伸振动的拉曼峰强度进行归一化处理。1432 cm^{-1}处的拉曼峰峰位没有偏移，表明此时 PEDOT：PSS 处于中性状态[56]。但是 1510 cm^{-1}与 1560 cm^{-1}两处拉曼峰相对峰强和半峰宽随着交流电压的幅值与频率变大。相对峰强代表非对称的 $C_\alpha{=}C_\beta$双键成链的长度，半峰宽则代表其结构缺陷[57]。拉曼光谱的结果(见图 4－3)证明，随着交流电压频率和交流电压幅值的升高，形成 PEDOT：PSS 的链长度增大，与此同时，分子间内应力变强，这可能导致有机半导体薄膜内部形成孔洞、断链等结构缺陷。

图 4－3

4.2.2　PEDOT：PSS 纳米结构的生长机理

参考金纳米材料交流电沉积，我们使用电化学分析方法确定 EDOT：PSS 向 PEDOT：PSS 电聚合的过程。采用计时电流法可以获得在特定电势下的电极电流密度，从而得到本次实验中 EDOT 单体的氧化电位和过氧化电位。实验开始，用＋0.5 V 的电势为阳极表面的双电层充电 10 s。之后将阳极电势从 0.7 V 逐步增大至 1.3 V，每个阳极电位的电沉积时间为 100 s，如图 4－4 所示。计时电流法结果表明，在 0.7～0.8 V 范围内，电极表面电流密度在电极电势的升高的过程中基本不变。在 0.9～1.1 V 范围内，电流密度从0.8 mA・cm^{-2}增至 2.2 mA・cm^{-2}，这表明在此电位范围内，EDOT 单体在电极表面氧化，聚合沉积形成PEDOT：

PSS。在1.2～1.3 V范围内，随着聚合沉积反应的进行，电流密度下降。此原因是电极表面聚合沉积的PEDOT：PSS发生过氧化，其结构由苯式向醌式转变，过氧化导致PEDOT：PSS的电活性下降，电流密度下降。

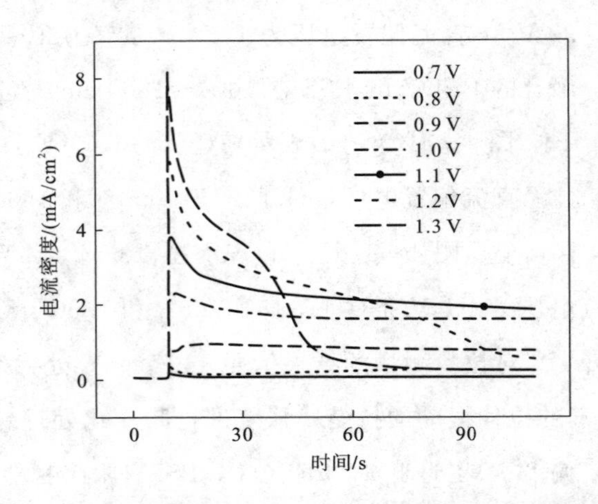

图4-4　不同电极电势条件下，电极电流密度与时间的关系曲线

采用循环伏安法可获得电极电势随时间线性变化时的电极电流密度，从而得到电极反应过程的动力学参数，即反应速率。所用的电解液中EDOT的浓度为10 mM，NaPSS的浓度分别为10^0 μM、10^1 μM、10^2 μM、10^3 μM(微摩尔每升)，扫描电位的范围为－0.8～＋2.0 V，采用了10～100 mV·s^{-1}之间的六种不同扫描速度进行测试。

如图4-5所示，扫描的过程中出现了P1峰和P2峰。根据文献[58]和[59]中的描述，P1峰(扫描速度为10 mV·s^{-1}时，峰位在1.17 V)的形成，归因于扩散受限，即推测此时反应速率变慢是由较慢的物质输运引起的。图4-5中的插图显示了P1峰的电流密度与扫描速度的平方根之间的线性关系，这可进一步确认P1峰的出现是物质输运扩散受限所致。P1峰后，随着电极电位的升高，电流密度逐渐增大，其原因是PEDOT：PSS膜厚增加。后续反应的电流密度并未随着的电极电位升高而一直增大。相反，实验结果出现P2峰，该峰为PEDOT：PSS的过氧化峰。当电极电位超过P2峰对应的电位，电极表面的PEDOT：PSS会发生过氧化，从而导致电流密度急速下降。

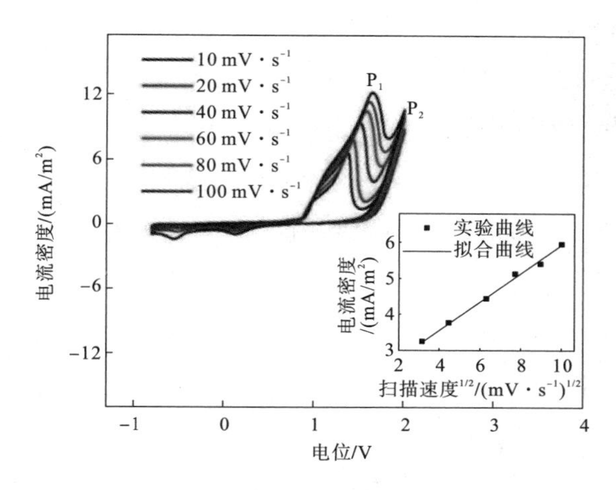

图 4-5　循环伏安曲线

（插图为利用最小二乘法拟合 P1 峰的峰电流密度与扫描速度的平方根的线性关系）

为了进一步明确电化学参数（如交流电压幅值、交流电压频率）对于交流电沉积结构的影响，我们根据交流阻抗谱基本理论构建该体系的等效电路。具体的电路模型为：表征电极/电解液界面双电层电容的C_{dl}与表示法拉第反应过程的电荷转移电阻(Z_F)相并联，之后再与溶液电阻R_e串联。因此，施加在电极上的交流电压将分别作用于双电层电容、电荷转移电阻与溶液电阻上。该等效电路的电化学阻抗可表示为

$$Z = R_e + \frac{Z_F}{1 + j\omega C_{dl} Z_F} \tag{4-1}$$

溶液电阻上的电压为

$$V_{R_e} = \frac{R_e}{R_e + \frac{Z_F}{1 + j\omega C_{dl} Z_F}} \times V_0 \tag{4-2}$$

根据公式(4-2)可知：随着交流电压角频率 ω 的升高，溶液电阻上的分压(V_{R_e})增大。V_{R_e}将为溶液中的粒子输运过程提供能量，驱动阳离子自由基、单体、二聚体和低聚物等移动到电极界面。

EDOT 单体的电聚合具体过程包括：① EDOT 单体被氧化成阳离子自由基；② 阳离子自由基与其他单体发生反应形成二聚体；③ 二聚体继续氧化聚

合，形成低聚物[60]。如图 4 - 6 所示，中性粒子如单体、二聚体和低聚物由于在不均匀电场中受到正介电泳力F_{DEP}的作用[61]向强电场区域运动，最后集中在电极对之间的中心区域。由于中心区域的粒子浓度变高，当粒子足够接近，彼此间将通过聚合力F_{chain}形成偶极子[62]。此外，被氧化的自由基阳离子还会受到电泳力F_{EP}的作用，具有沿着电场线方向运动的趋势[63]。

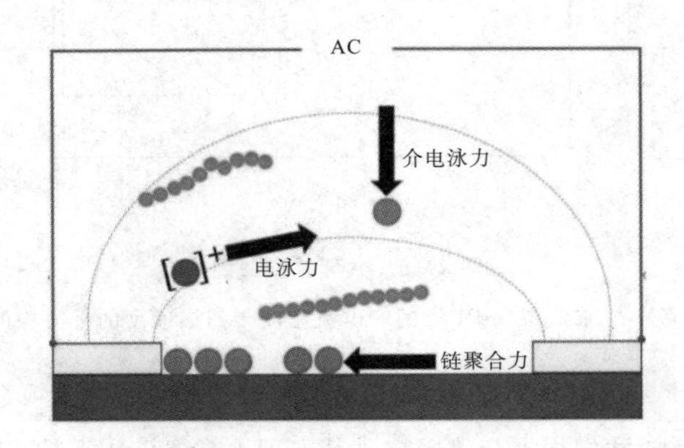

图 4 - 6　PEDOT：PSS 交流电沉积过程中的粒子输运过程

介电泳力 F_{DEP}、聚合力 F_{chain} 和电泳力 F_{EP} 分别为

$$F_{DEP} = 2\pi r^3 \varepsilon \mathrm{Re}[K(\omega)] \nabla |E|^2 \tag{4-3}$$

$$F_{chain} = C\pi \varepsilon r^2 |K(\omega)|^2 E^2 \tag{4-4}$$

$$F_{EP} = qE \tag{4-5}$$

式(4 - 3)～(4 - 5)中，E 为电极之间的电场强度，ω 为交流电压角频率，ε是电解液的介电常数，r 是反应粒子的半径，C 取决于粒子聚合成链的长度及粒子之间的间距[64]，$|K(\omega)|$ 和 $\mathrm{Re}[K(\omega)]$表示 Clausius - Mossotti 因子的绝对值和实部。

溶液中自由基阳离子与中性粒子如单体、二聚体、低聚物等物质的输运过程，将随着施加在电极两端的交流电信号变化而发生改变，从而实现对与 PEDOT：PSS 聚合物形貌和结构的控制。

进一步，采用 COMSOL 有限元仿真软件对交流电沉积 PEDOT：PSS 的过程进行仿真，结果如图 4 - 7 所示。由图可以发现中性粒子在交流电场作用下趋向于电极运动，并且大部分粒子集中沉积在电极尖端的中心区域。

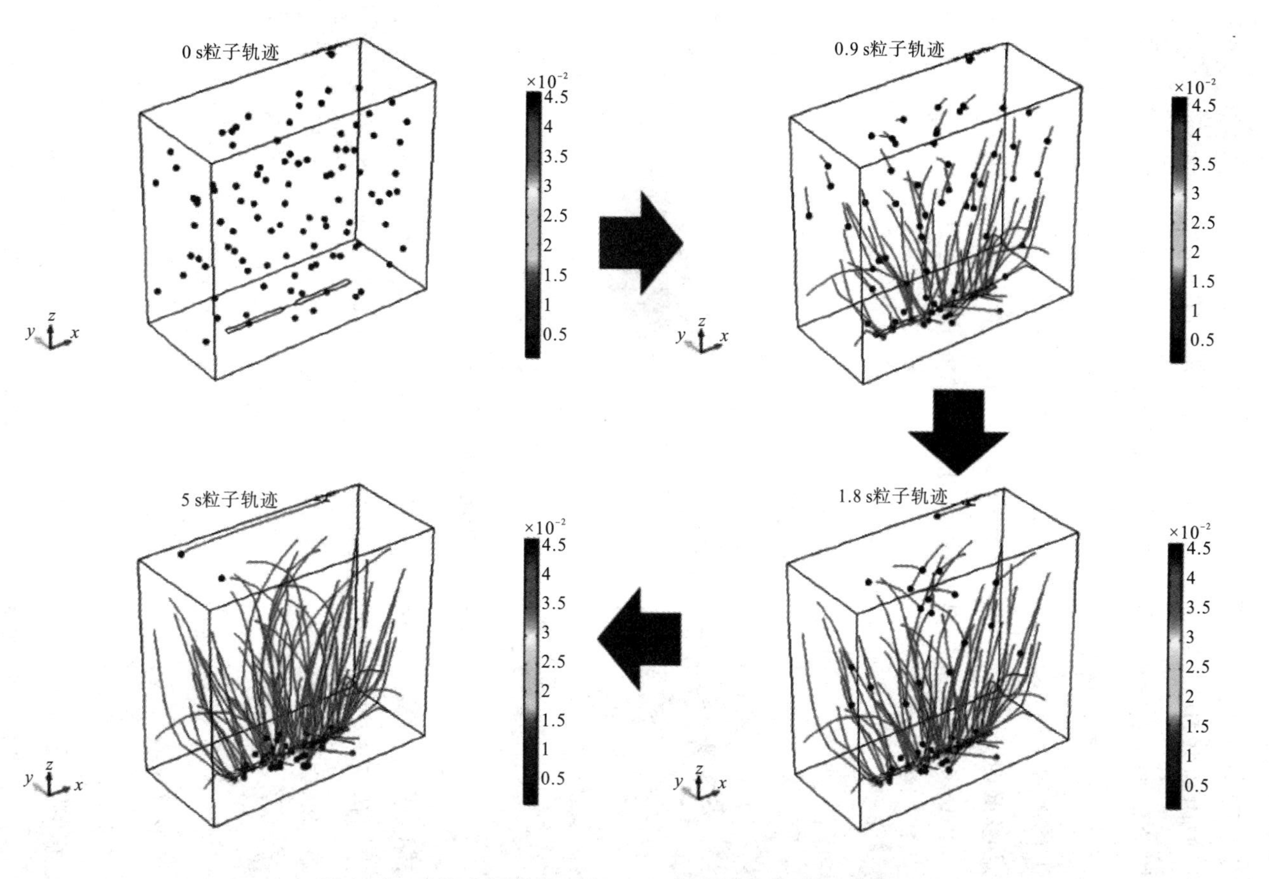

图 4－7　交流电沉积 PEDOT：PSS 过程中的粒子运动仿真图

对电聚合过程中的交流电场进行仿真，结果如图 4－8 所示。由图 4－8 可知，随着溶液电阻上等效电压$(V_R)_{equ}$的增加，微电极区域内的电场(E)和电场场强二次方的梯度(∇E^2)均升高。具体分析如下：电极上最大与最小交流电压幅值分别为 4 V_{pp}与 8 V_{pp}，最大与最小的交流电压频率分别为 50 kHz 与500 kHz。所以溶液电阻上的等效电压($(V_R)_{equ}$)将介于 0 V_{pp}与 8 V_{pp}之间。$(V_R)_{equ}=0$ V_{pp}对应于频率足够低时，几乎所有的电极电势降落在电极表面的电化学阻抗上；$(V_R)_{equ}=8$ V_{pp}对应于频率足够高时，几乎所有的电极电势均降落在溶液电阻上。

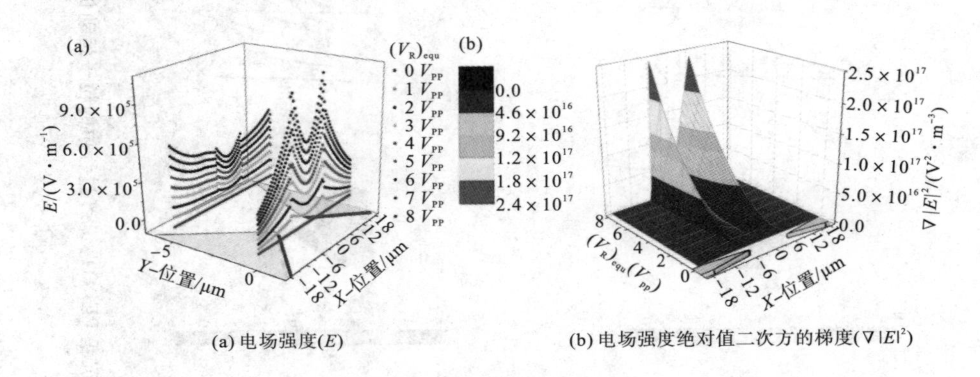

(a) 电场强度(E)　　(b) 电场强度绝对值二次方的梯度($\nabla|E|^2$)

图 4－8　交流电场的变化规律

在式(4－2)中，V_{R_e}随着交流电压频率的增加而增大，在扩散受限的传质条件下，Z_F独立于交流电压频率。所以可以推断交流电压频率的增大会直接导致 E 和E^2的增加。由式(4－4)可知，粒子间的聚合力(F_{chain})的大小与电场强度的二次方(E^2)呈线性关系，因此随着交流电压频率的增大，寡聚物倾向于以具有更细直径的纳米线的形式聚合。

介电泳力的分析相对复杂一些。由式(4－3)可知，溶液的中粒子所受介电泳力由电场强度绝对值二次方的梯度$(\nabla|E|^2)$与 Clausius－Mossotti 因子的实部$(\mathrm{Re}[K(\omega)])$共同决定。根据前期研究成果[65]，聚合物纳米粒子的极化率远大于溶液介质。因此，当交流电压频率低于 10 MHz 时，$\mathrm{Re}[K(\omega)]$的大小基本

恒定为1。因此，可以认为交流电压频率的变化主要通过式(4-3)的$\nabla|E|^2$一项影响介电泳力的大小。

总的来说，粒子间的聚合力与介电泳力随着交流电压频率的升高而变大。所以，实验中观测到电聚合的纳米线直径随着频率的升高逐渐减小。但是PEDOT：PSS纳米线的直径不会随着频率升高一直减小。这是因为在交流电沉积过程中，随着频率升高，电极-溶液界面双电层分配的电压减小。当该电压降低至EDOT单体的成核电位时，电极上的电聚合反应就无法自发地发生[66]。在实验中可观测到，电极电位设置为4 V_{pp}时，如果交流电压频率高于500 kHz，将无法驱动PEDOT：PSS的电聚合反应。以该交流电压频率为基准，如果将电极电位升高至6 V_{pp}时，可以重新获得PEDOT：PSS纳米线，但是其直径会更小(约为200 nm)，而且会在电极尖端产生更多的分叉。这类似于金纳米材料电沉积时高的过电位更有利于瞬时成核的情况。这一生长机理可以通过实验结果进行验证，如果将电极电势提高到8 V_{pp}，同时会有多条直径约为200 nm的纳米线在电极之间生长，如图4-2(f)所示。

在PEDOT：PSS交流电沉积过程中，如果额外施加直流偏置，还可实现其生长方向的控制。如图4-2(b)～(e)所示，有机半导体膜倾向于从施加正偏置电压的电极开始生长。相反，如果没有施加偏置电压，有机半导体纳米结构会从两个电极同时生长(见图4-2(a)与图4-2(f))，并在电极间距中间形成接触。一旦形成接触，有机半导体纳米结构可等效为一个电阻，此时，F_{DEP}、F_{chain}和F_{EP}都会消失，导致纳米结构停止生长。

本章4.2.1节对不同电化学参数条件下聚合形成的PEDOT：PSS形貌结构进行了表征分析。当交流电压幅值固定为4 V_{pp}，随着交流电压频率的升高，聚合物形貌依次由膜状转变为多根枝晶、单根枝晶及纳米线。因此，交流电压频率对聚合物的结构控制起着至关重要的作用。

图4-3也进一步表明，交流电压频率对聚合物的结构控制至关重要。1510 cm^{-1}与1 560 cm^{-1}两处拉曼峰相对峰强和半峰宽随着电聚合交流电压的幅值与频率的增大而增大。这是由于更高的交流电压幅值与频率会产生更大的F_{DEP}与F_{chain}。这可能会进一步增大PEDOT：PSS纳米结构内部的应力，从而

诱导共轭聚合物晶态结构产生缺陷。与此同时，F_{EP}的增加亦会使自由基阳离子的输运速度加快，所以电聚合可以在一个更大的尺度范围内发生，并且形成更长的PEDOT：PSS高分子链。

4.3 阵列化PEDOT: PSS薄膜的交流电沉积

4.3.1 交流双极电化学沉积法简介

传统电化学通过控制电极电位，调整电极和电解液界面上的电子转移来控制电化学过程。与传统方式不同，双极电化学（Bipolar Electrochemistry，BPE)是通过对电解液的电位进行控制来实现相同功能的[67]。如图4-9所示，先将一对驱动电极连接到外部电源并浸入电解液中，然后将一块导体放置在驱动电极之间。该导体的界面极化电位就可以驱动导体两端的氧化和还原反应。

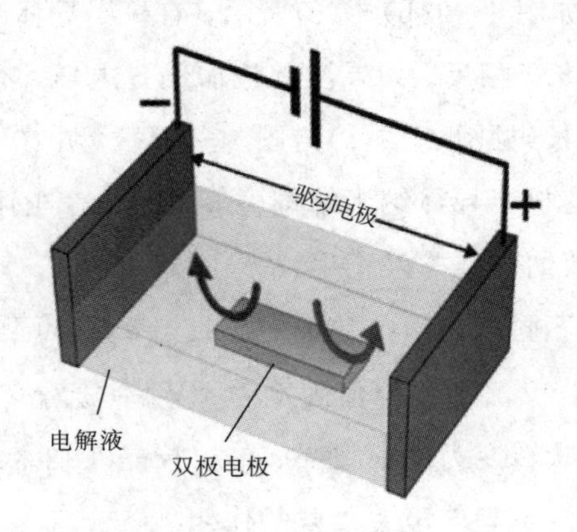

图4-9 双极电化学装置示意图[68]

理解双极电化学工作原理的一个关键是：双极电极的极性与驱动电极的极性相反，靠近驱动电极阳极的一端为双极电极的阴极；反之，靠近驱动电极阴极的一端为双极电极的阳极。Arora[69]等人利用水的电解与酸碱指示剂证明了这一点。首先，他们使用没有双极电极的体系进行电解水实验，如图 4－10(a)所示。当驱动电压为 30 V 时，驱动电极阳极一侧的酸碱指示剂显示红色，这表示驱动电极阳极一侧发生了水的氧化反应，产生了H^+，使得驱动电极阳极附近的溶液呈酸性。与此同时，驱动电极阴极一侧的酸碱指示剂显示蓝色，这表示驱动电极阴极一侧发生了水的还原反应，产生了OH^-，使得驱动电极阴极附近的溶液呈碱性。其次，他们将石墨条作为双极电极并放置在驱动电极中间，如图 4－10(b)所示。驱动电压保持不变。虽然石墨条未与驱动电极直接相连，但是在其末端也发生了水的电解，石墨条末端溶液颜色也发生了相应变化。靠近驱动电极阳极一侧的石墨条末端的酸碱指示剂显示蓝色，这表示该末端为双极电极的阴极，靠近驱动电极阴极一侧的石墨条末端的酸碱指示剂显示红色，表示该末端为双极电极的阳极。

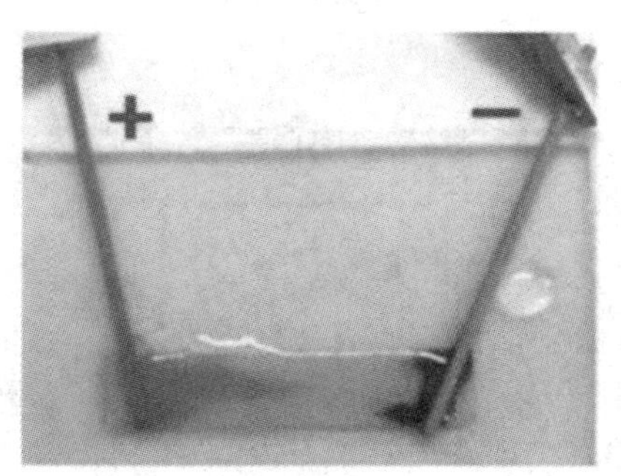

(a) 无双极电极

(b) 有双极电极

图 4－10　双极电化学电解水的实验[70]

BPE 装置按照构造方式可分为两类，即开放性 BPE 装置和封闭性 BPE 装置，如图 4-11 所示。开放性 BPE 装置由一个电解池组成，如图 4-11(a)所示，导体(双极电极)放置在电解液中，电流在通过双极电极的同时，也通过与双极电极平行的电解液。封闭性 BPE 装置由两个或两个以上的电解池组成，电流只通过双极电极。

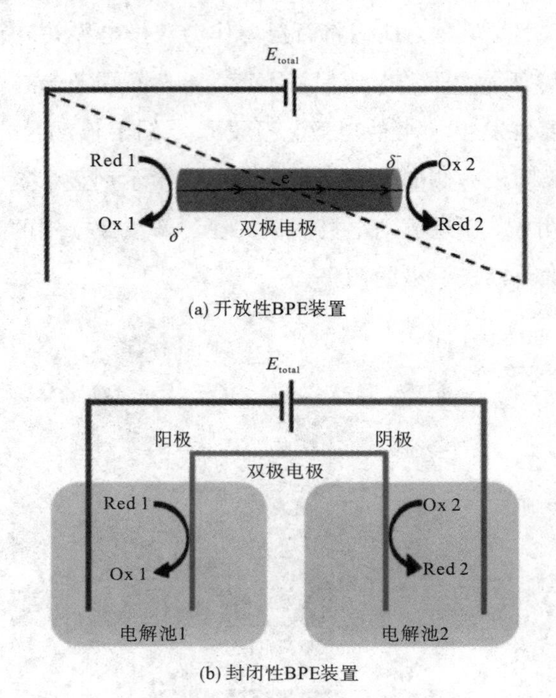

图 4-11 BPE 装置分类示意图[71]

这里以开放性 BPE 装置为例(见图 4-11(a))对其工作原理进行简述。直流电源在电解液两端施加驱动电压 E_{total}，两个驱动电极的间距为 L，则驱动电极之间溶液中的电场强度 E 为

$$E = \frac{E_{total}}{L} \tag{4-6}$$

如果放置于该电场中的双极电极为均匀导体，那么由该电场引起的双极电极上的极化电位 δ 会随着导体在电场中的位置 x 发生线性变化，即

$$\delta = Ex \tag{4-7}$$

极化电位的最大值为双极电极两个端点间电位的差值，即阳极极化电位δ^+和阴极极化电位δ^-的差值。假设双极电极的长度为 l，则有

$$\delta_{max} = \delta^+ - \delta^- = El \tag{4-8}$$

δ_{max}的值决定了双极电极的两端是否能发生化学反应。假如在溶液中存在两个电活性物质，如还原剂(Red 1)和氧化剂(Ox 2)，电极反应为

$$\text{Red } 1 \rightarrow \text{Ox } 1 + n_1 e^- \tag{4-9}$$

$$\text{Ox } 2 + n_2 e^- \rightarrow \text{Red } 2 \tag{4-10}$$

其中，n_1 和 n_2 表示每个电极反应转移的电子数。假设 Red 1/Ox 1 和 Red 2/Ox 2 的标准电极电位分别为 E_1 和 E_2，由于反应式(4-9)和式(4-10)在同一个电极的两端同时进行，所以δ_{max}需要满足

$$\delta_{max} = \delta^+ - \delta^- = El \geqslant E_2 - E_1 \tag{4-11}$$

理论上讲，双极电极可以是任意大小、任何形状的导体。根据式(4-6)、式(4-8)、式(4-11)可知，双极电极长度越大，在其两端发生电化学反应需要施加的驱动电压越小；反之，需要的驱动电压则越大。因此，对于长度确定的双极电极，电场强度是决定氧化、还原反应(见式(4-9)、式(4-10))能否发生的决定性因素。当驱动电压固定时，双极电极的长度影响极化电位的最大值δ_{max}，即 l 越大，δ_{max}越大。

Koizumi 等人[72]使用两根直径为 50 μm、末端间距为 10 mm 的金丝作为双极电极，并进行 EDOT 及其衍生物的电聚合反应。实验表明纤维状的 PEDOT：PSS 沿着电场线方向生长。此外，该小组还研究了溶剂种类和驱动电压频率对PEDOT：PSS 纤维形态、生长速率和分枝程度的影响，并建立了 PEDOT：PSS 纤维的链式生长模型。Watanabe 等人[73]则利用交流双极电沉积法(见图 4-12(a))成功实现了导电聚合物薄膜的二维生长(见图 4-12(c))，他们还探究了衬底材料对 PEDOT：PSS 形貌的影响(见图 4-12(c))，并提出了一种 PEDOT：PSS 聚合物的生长机理(见图 4-12(b))。在此基础上，Shida 等人[74]报道了微区域内的交流双极电化学沉积 PEDOT：PSS 纤维。他们通过将 EDOT 单体传质限制在双极电极尖端，获得了一维的 PEDOT：PSS 纤维。

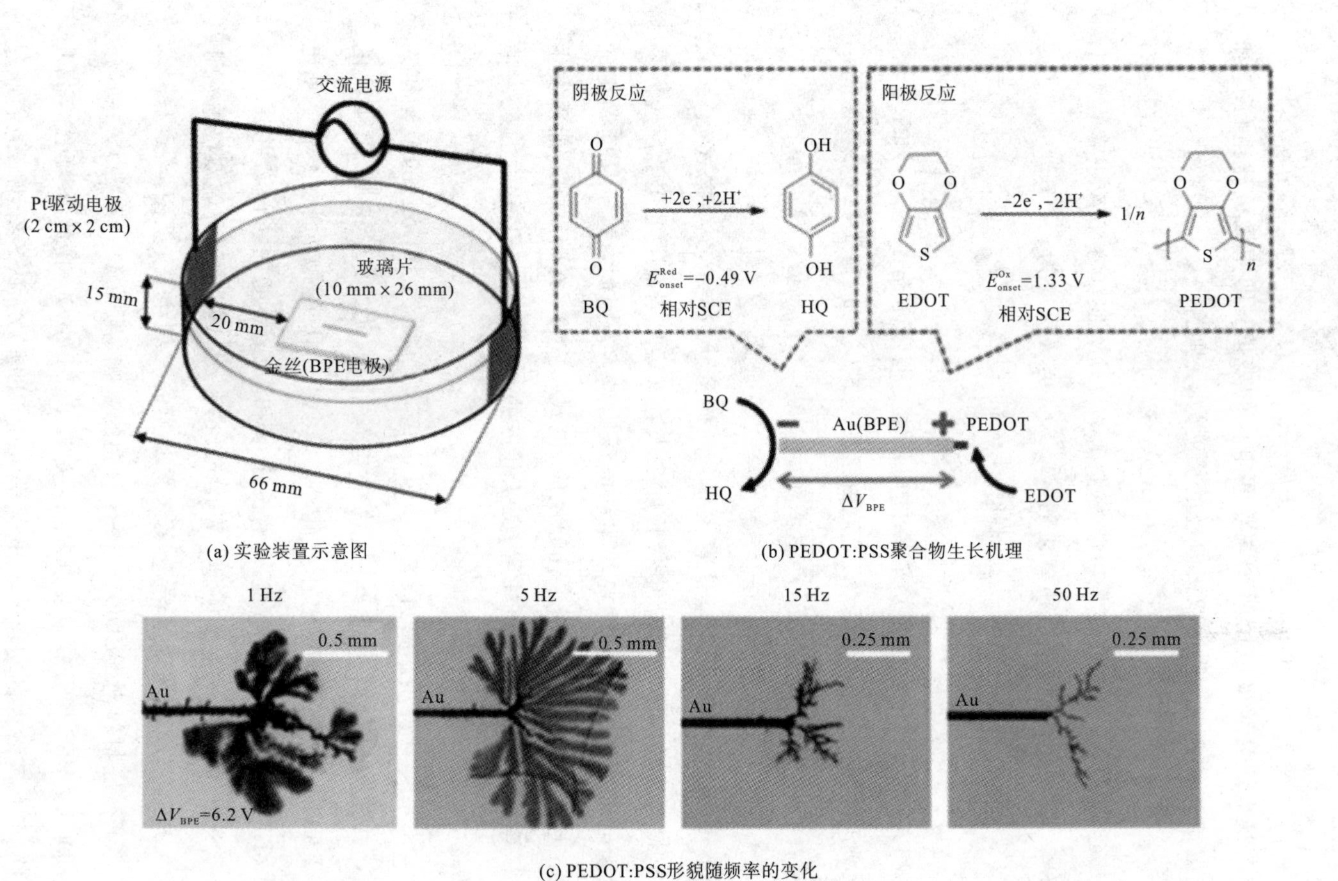

图 4-12 交流双极电沉积 PEDOT：PSS 聚合物[72]

4.3.2　阵列化 PEDOT：PSS 薄膜制备

阵列化 PEDOT：PSS 薄膜制备的实验装置示意图如图 4-13(a)所示。实验时，先将含有 5 对双极电极的双极电极芯片(Microelectrode Chip，MEC)放置到微流体中(见图 4-13(a))。然后，在微流体中加入 EDOT 单体和 NaPSS 的混合溶液，两个铂箔(Pt)作为驱动电极。最后使用信号发生器给 Pt 驱动电极施加交流电压，并用金相显微镜实时观察 PEDOT：PSS 薄膜的生长，待薄膜生长完毕，取出双极电极芯片，将它放在真空干燥箱中干燥，之后进行形貌结构、电学性能表征。

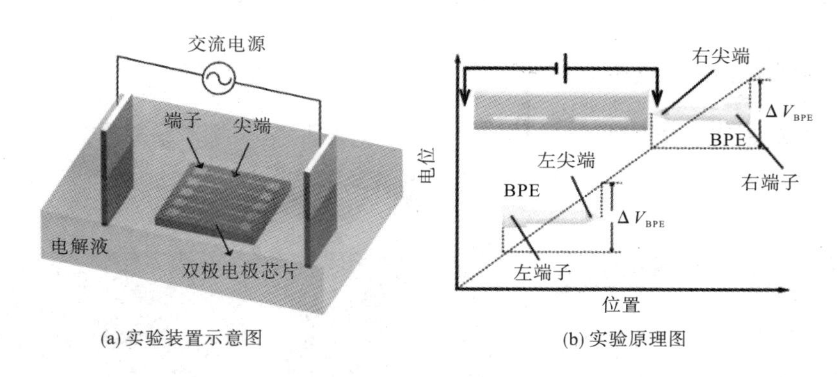

(a) 实验装置示意图　　(b) 实验原理图

图 4-13　实验装置示意图和实验原理图

阵列化 PEDOT：PSS 薄膜的实验原理如图 4-13(b)所示，当双极电极浸入电解液中，在双极电极的两端会形成双电层(Electric Double Layer，EDL)。当电压作用于驱动电极(Driving Electrode，DE)时，双极电极为等势体，电解液中的电位呈线性分布。此时，EDL 上的压降就是双极电极与溶液之间的电位差 ΔV_{BPE}。当 ΔV_{BPE} 的大小足以驱动氧化还原反应时，在双极电极的阳极就会发生氧化反应，在双极电极的阴极就会发生还原反应。

1. 双极电极芯片的制备

双极电极芯片的结构示意图如图 4-14 所示。厚度为 1 mm 的 SiO_2 作为基底，使用 lift-off 工艺制备得到尖端间距为 10 μm 的双极电极。双极电极由下层 20 nm 厚的 Ti(作为粘接层)和上层 500 nm 厚的金组成。每个双极电极芯片上有 5 对双极电极，单个双极电极的长度为 2000 μm，其一端(端子)为 500 μm×500 μm 的方形焊盘(Pad)，另一端(尖端)呈尖端状(Tip)。

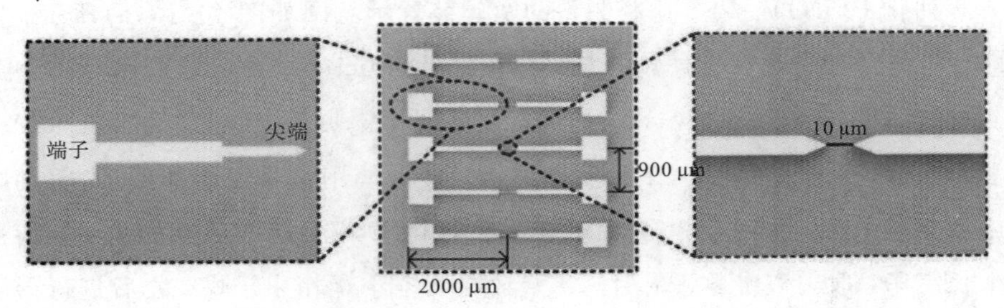

图 4-14 双极电极芯片的结构示意图

2. 电解池的制备

实验过程中的电解池是用 PDMS(聚二甲基硅氧烷)制备得到的，电解池制备流程如图 4-15(a)所示。制备得到的电解池实物如图 4-15(b)所示。

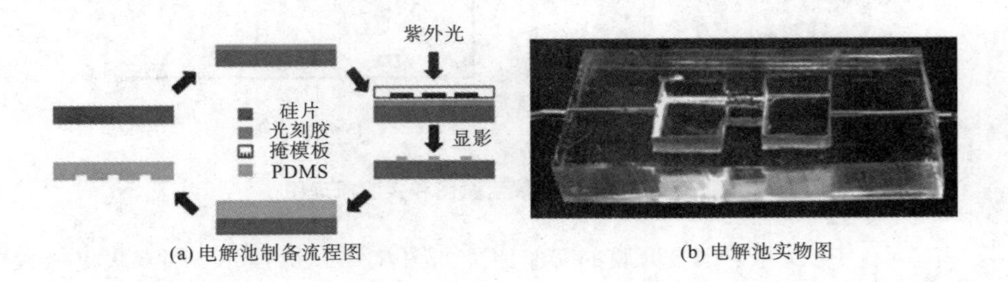

图 4-15 电解池的制备

电解池具体制备流程如下：

(1) 将硅片浸泡在浓硫酸中 3 h，以除去硅片表面的污垢；

(2) 在暗室中，在经步骤(1)处理的硅片上倾倒适量的 AZ50 正性光刻胶，制备电解池的光刻阳模；

(3) 将制备好的印制有电解池图案的光刻掩模板压在涂覆有光刻胶一侧的硅片上，然后用紫外光进行曝光显影，显影完毕后取出硅片并用无水乙醇冲洗 3 次；

（4）使用锡纸制作与阳模大小接近的容器，将制作的阳模放置在容器中，注意涂覆有光刻胶的一侧朝上，将配置好的PDMS倾倒在用于制作微流道的容器中，PDMS层厚度为5 mm；

（5）将上述容器转移到真空干燥箱中，抽真空5 min，以除去PDMS中残留的气泡，然后在80℃干燥箱中干燥1 h，以固化PDMS；

（6）将固化后的PDMS从阳模上取出，用手术刀将其切成需要的尺寸。

3. 有机玻璃的制备

夹持电解池的有机玻璃（亚克力板）分为上、下两层。上层如图4－16(a)所示，6个圆形通孔等间距分布在上层有机玻璃的顶端和底端，用于固定上层有机玻璃。驱动电极通过中间的矩形通孔伸入到电解池中与电解液接触。下层如图4－16(b)所示，仅有6个用于固定下层有机玻璃的圆形通孔。有机玻璃上的通孔可利用激光切割机进行切割。激光切割机是利用激光束照射到工件表面使得工件熔化并蒸发，从而达到切割和雕刻目的的。它常用于加工金属和非金属材料，以减少加工时间、降低加工成本、提高工件质量。

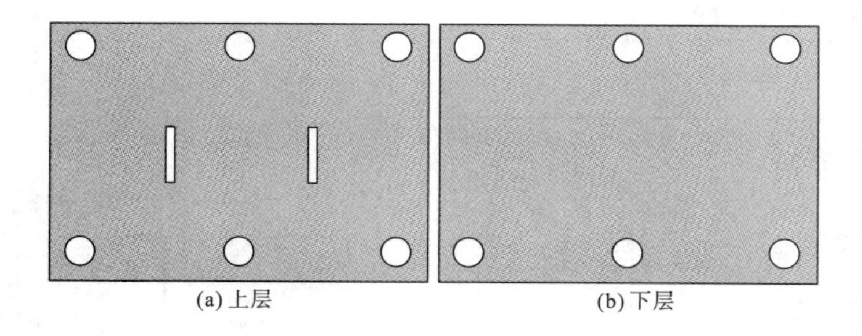

图4－16　有机玻璃结构图

4. 实验过程

阵列化PEDOT：PSS薄膜制备的实验过程如下：

（1）取图4－16(b)所示的有机玻璃作为实验装置的最下层。

（2）将图4－15(b)所示的电解池放置在有机玻璃的上面。

（3）将图4－14所示的双极电极芯片放置在电解池的中央，该双极电极芯片作为双极电极(BPE)。

(4) 将图 4-16(a)所示的有机玻璃作为盖子放置在电解池上，并使用螺母将上下两层的有机玻璃以及中间的电解池固定。

图 4-17(b)、(c)所示分别为该实验装置的俯视图和侧视图，为了能够清楚地标注出相关尺寸，图中去掉了上层和下层的有机玻璃，只保留了电解池和双极电极芯片。如图所示，电解池的长度为 25 mm，宽度为 10 mm。为便于放置双极电极芯片，电解池的中间设置了一个高度为 5 mm 的凸台，凸台长度为 5 mm，该长度与双极电极芯片的长度相同，凸台宽度为 5 mm。驱动电极之间的距离为 15 mm。

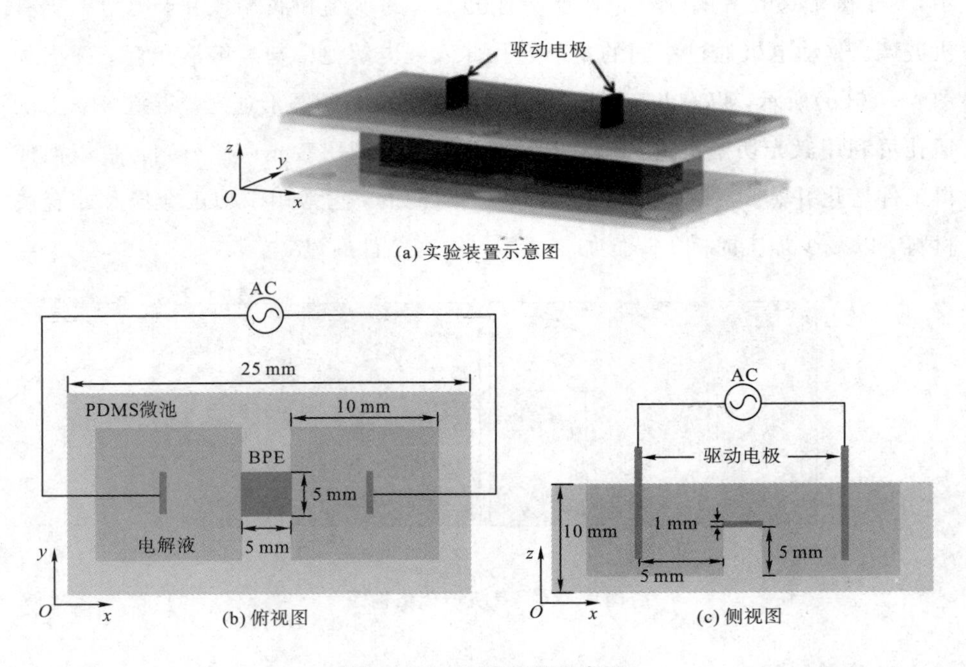

图 4-17 实验装置示意图

实验时，按照上述过程将实验装置封装完毕，然后用注射泵将预先配制好的含有 EDOT 单体的电解液注入电解池中，再使用信号发生器在驱动电极两端施加交流电压，并使用显微镜观察 PEDOT：PSS 聚合物的电沉积过程。PEDOT：PSS 聚合物的生长自双极电极尖端开始逐渐向中间扩展。最后，待

PEDOT：PSS 薄膜完全桥接两双极电极芯片后，取出芯片，并使用去离子水冲洗掉残留在芯片表面的电解液，随后放置到真空干燥箱干燥，以便进一步表征和测试。

5. 阵列化 PEDOT：PSS 薄膜形貌表征

激光共聚焦扫描显微镜（LCSM）使用激光作为光源。基于共轭聚焦原理，LCSM 利用计算机对所观察的对象进行数字图像处理然后输出高质量图片。因此，LCSM 在断层扫描和三维成像方面具有广泛应用。相比于原子力显微镜（AFM），LCSM 拍摄成本更低。为了与 AFM 拍摄结果做对比，我们首先在交流电压幅值为 16 V_{pp}、频率为 50 Hz、偏置为 0 V 条件下制备得到 PEDOT：PSS 薄膜。然后用 AFM 拍摄 PEDOT：PSS 薄膜的三维形貌，再用 LCSM 拍摄 PEDOT：PSS 薄膜的三维形貌，两种不同显微镜拍摄得到的 PEDOT：PSS 薄膜的三维形貌如图 4-18 所示。为了进一步表征 PEDOT：PSS 薄膜的厚度，我们分别在 PEDOT：PSS 薄膜上标记了三个位置，并统计了相应位置处 PEDOT：PSS 薄膜的厚度，如图 4-18 所示的 1、2、3 曲线。从图中可以看出，两种显微镜拍摄效果近似，因此在批量化测试中，可以使用 LCSM 代替 AFM 来表征 PEDOT：PSS 聚合物薄膜的三维形貌。

根据 4.2 节的研究可知，交流电压频率对 PEDOT：PSS 薄膜形貌的影响较为明显。因此，在实验中选用交流电压幅值为 16 V_{pp}，频率分别为 50 Hz、400 Hz、600 Hz、1000 Hz 的交流电压驱动，直流偏置电压为 0 V，利用交流双极电化学沉积，在图 4-14 所示的双极电极中间制备 PEDOT：PSS 薄膜。制备得到的薄膜如图 4-19 所示。从图 4-19 中可以看出，总的来说，随着交流电压频率的升高，薄膜宽度和厚度逐渐减小。

为了进一步量化统计薄膜宽度和高度对交流电压频率的依赖性，我们对薄膜的宽度和厚度进行了统计，结果如图 4-20(a)所示。当交流电压频率为 50 Hz时，薄膜宽度和厚度最大，分别为 11 μm 和 7 μm。随着频率的升高薄膜宽度和厚度逐渐减小。当频率为 1000 Hz 时，薄膜宽度和厚度达到最小值，分别为 3.5 μm 和 1.7 μm，这与前期研究结果[75-76]一致。

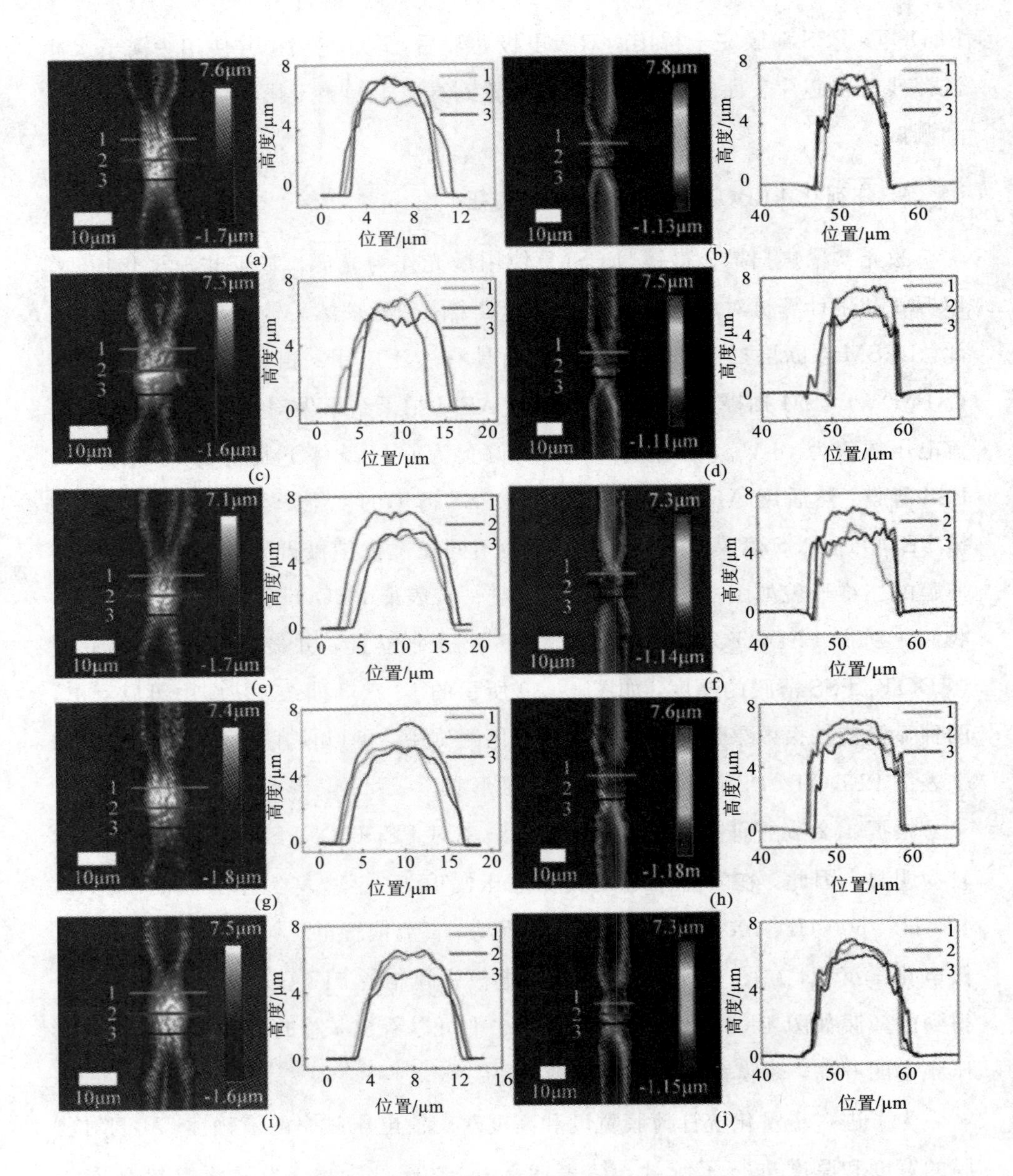

图 4-18　基于原子力显微镜与激光共聚焦扫描显微镜的 PEDOT：PSS 薄膜形貌表征

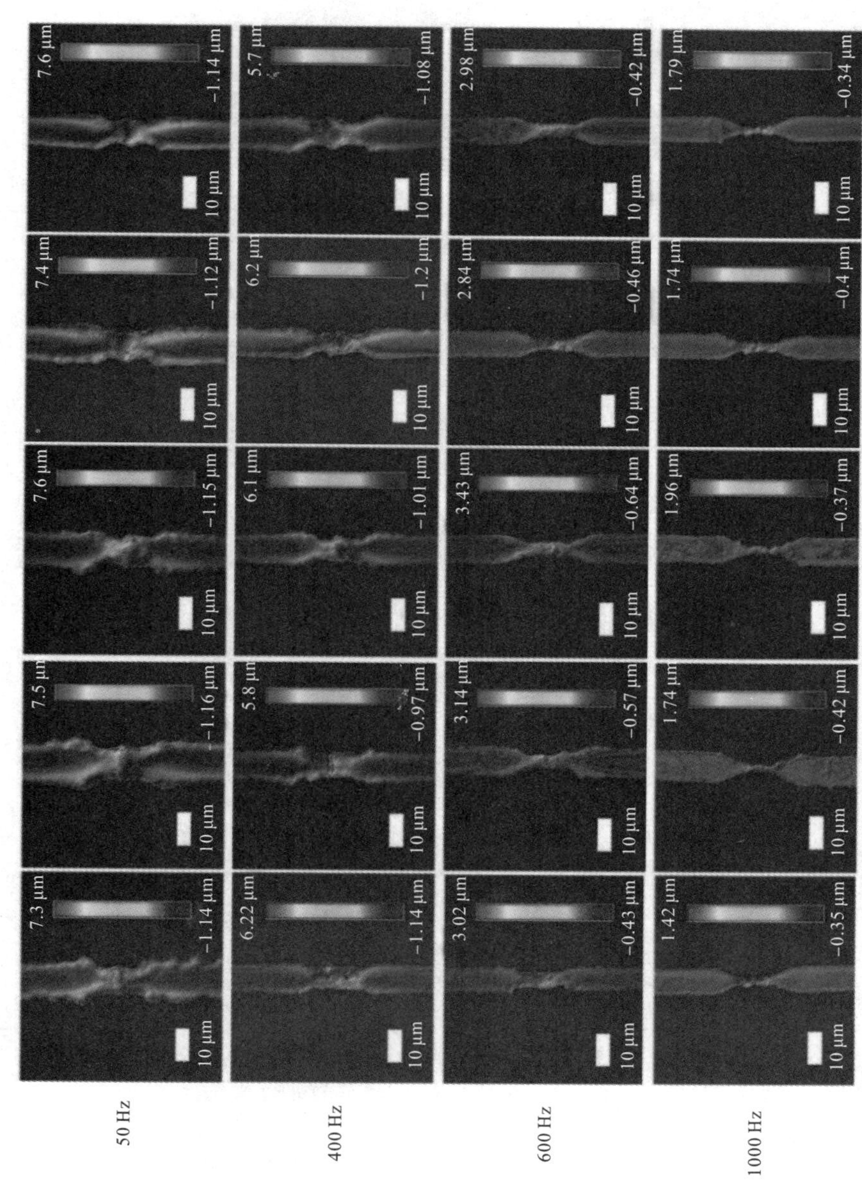

图 4－19　不同频率下制备得到的 PEDOT：PSS 薄膜

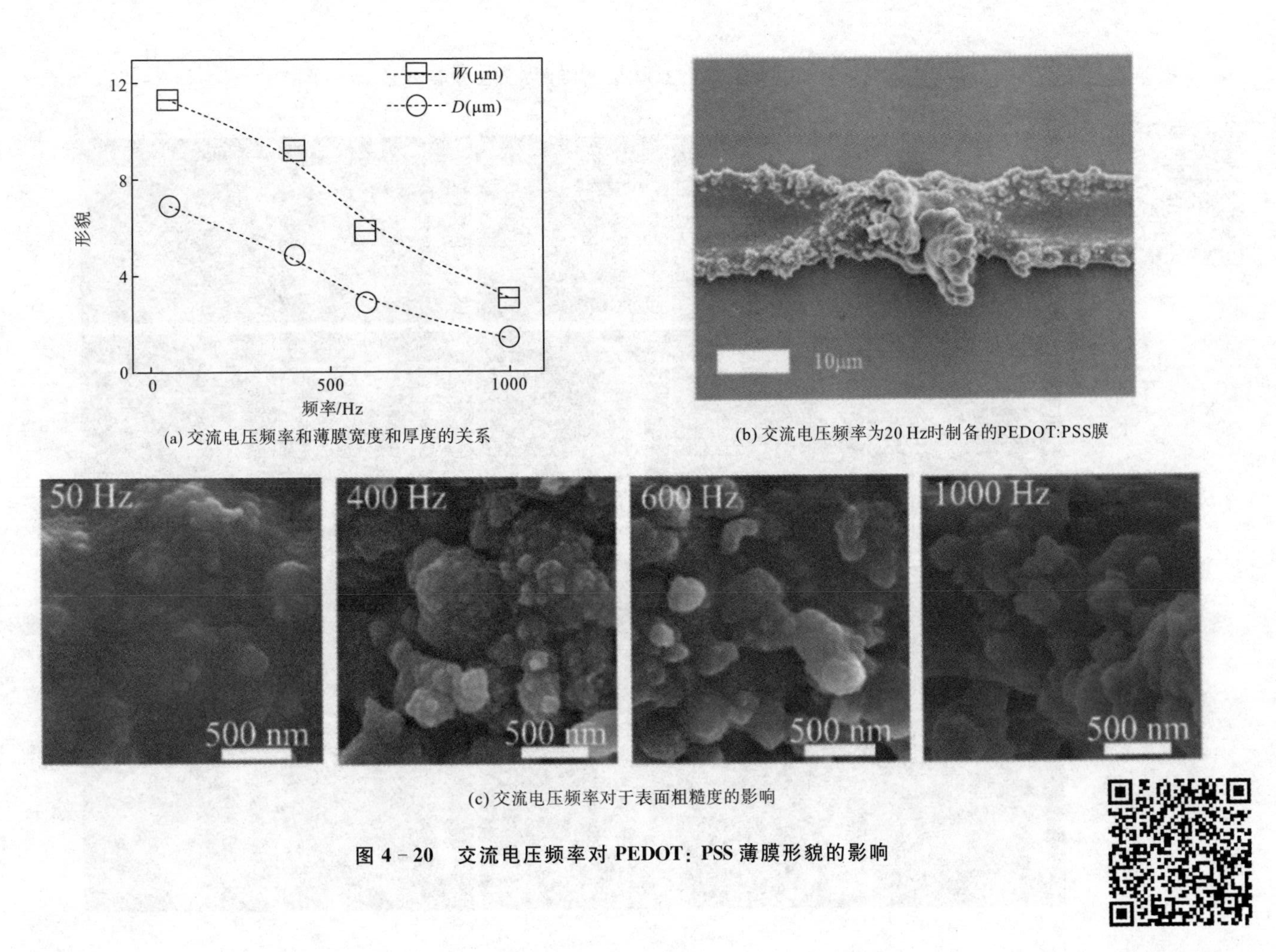

(a) 交流电压频率和薄膜宽度和厚度的关系

(b) 交流电压频率为20 Hz时制备的PEDOT:PSS膜

(c) 交流电压频率对于表面粗糙度的影响

图 4－20　交流电压频率对 PEDOT：PSS 薄膜形貌的影响

当交流电压频率较高时，双电层电容容抗较小。根据欧姆定律，输出电压的压降将落在代表双电层间电解液的溶液电阻上。溶液中粒子间的聚合力和介电泳力随着交流电压频率的升高而增大，导致 PEDOT：PSS 薄膜的主干随着频率的升高而减小。但是，PEDOT：PSS 薄膜的主干不会一直随着频率的升高而无限减小，这主要取决于电化学聚合反应依赖阳离子自由基在溶液中的运动，如果交流电压一个周期的时间小于阳离子自由基的弛豫时间，阳离子自由基对频率的变化没有响应，聚合反应就不会发生。

为了观察交流电压频率对薄膜表面粗糙度的影响，使用扫描电镜(SEM)对制备得到的薄膜表面放大 10 000 倍进行观察，结果如图 4－20(c)所示。当交流电压频率为50 Hz时，薄膜最为致密，其表面较为光滑，随着频率的增加，薄膜开始变得疏松，表面粗糙度越来越大。交流电压频率对于粗糙度的影响机理将在后文中予以说明。值得注意的是，当频率超过 1000 Hz 时，PEDOT：PSS 薄膜的生长速度明显减慢，并且只在电极尖端沉积。相反地，当频率低于 50 Hz时，薄膜生长速度过快，生长过程不可控(见图 4－20(b))。

为了进一步探究交流电压幅值对 PEDOT：PSS 聚合物膜形貌的影响，我们采用浓度为 20 mM 的 EDOT 单体和 0.1 mM 的 NaPSS 的混合水溶液，在频率为 50 Hz 的条件下，使用不同幅值的交流电压制备 PEDOT：PSS 聚合物膜，结果如图 4－21 所示。当交流电压幅值为 10 V_{pp}时，双极电极尖端刚好出现聚合物，出现的聚合物还不足以连接两个双极电极，可能是由于双极电极尖端的电位小于 EDOT 的氧化电位，导致生成的PEDOT较少。

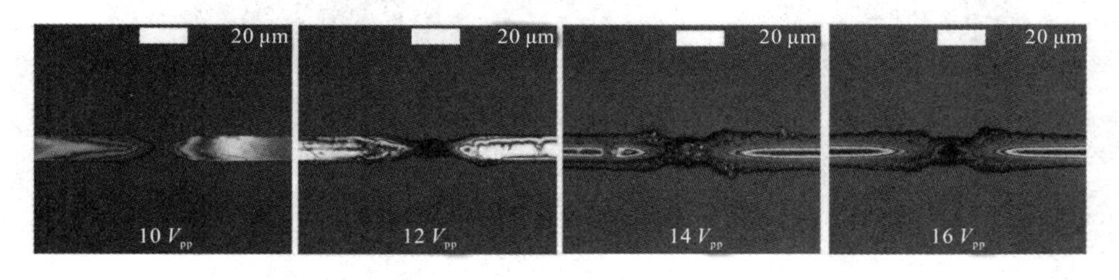

图 4－21　PEDOT：PSS 聚合物膜的形貌对驱动交流电压幅值的依赖性

当交流电压幅值为 12 V_{pp}时，双极电极尖端出现的聚合物足以连接两个双极电极，随着驱动电压的增加，双极电极尖端的压降增大，EDOT 聚合速率增加。当交流电压的幅值增加到 14 V_{pp}时，双极电极尖端的 PEDOT：PSS 聚合物膜变得更加粗壮，此时双极电极表面也开始出现聚合物。当交流电压幅值为 16 V_{pp}时，PEDOT：PSS 聚合物膜较 14 V_{pp}变化较小，双极电极上出现更多的聚合物。这可能是当交流电压为 12 V_{pp}时，EDOT 的聚合速率达到最大值，因此当交流电压增加到 14 V_{pp}时，双极电极尖端的 PEDOT：PSS 膜宽度的变化较小。

根据上述讨论，采用浓度为 20 mM 的 EDOT 和 0.1 mM NaPSS 的混合水溶液，当交流电压为 16 V_{pp}，频率为 50 Hz 时，可以制备得到较为优质的 PEDOT：PSS 薄膜。为了探究 EDOT 浓度对 PEDOT：PSS 薄膜形貌的影响，我们使用了 EDOT 浓度分别为 10 mM、20 mM、30mM，在相同的条件下(交流电压幅值为 16 V_{pp}，频率为 50 Hz)制备 PEDOT：PSS 薄膜，然后使用 SEM 对相应薄膜形貌进行表征，结果如图 4 - 22 所示。图 4 - 22(a)、(b)、(c)所示依次为使用 EDOT 浓度为 10 mM、20 mM、30 mM 和 NaPSS 浓度为 0.1 mM 的混合水溶液制备的 PEDOT：PSS 薄膜形貌。从图中可以看出 EDOT 浓度的变化对 PEDOT：PSS 薄膜的形貌影响较小。但是，在实验中发现，随着 EDOT 浓度的增加，PEDOT：PSS 的生长速度明显加快。

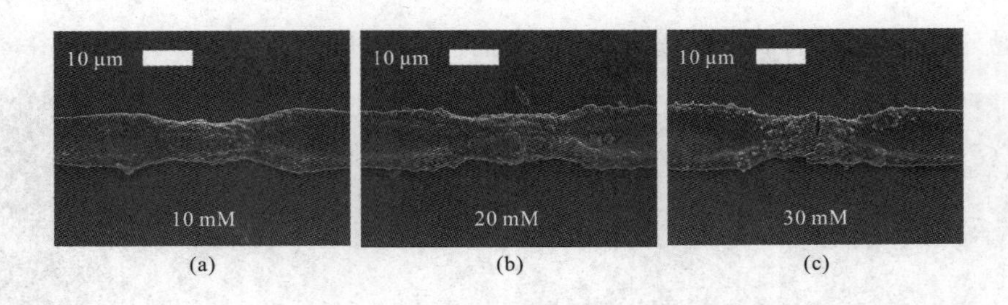

图 4 - 22 溶液中 EDOT 浓度对 PEDOT：PSS 薄膜形貌的影响

4.3.3　阵列化 PEDOT：PSS 薄膜交流双极电化学沉积机理

1. 循环伏安法测试

首先使用三电极体系进行循环伏安扫描，以双极电极(BPE)作为工作电极(WE)，参比电极(RE)采用饱和甘汞电极，对电极(CE)为铂丝，实验装置如图 4-23 所示。电解液使用 10 mM EDOT 和 0.1 mM NaPSS 的混合溶液，电位从－0.8 V 扫描到 2.0 V，使用的扫描速度为 50 mV/s，扫描 5 圈，测试结果如图 4-24(a)所示。随着扫描圈数的增加，电流密度逐渐减小，这种电流密度-电位分布与其他文献报道的水溶液中 EDOT 的电聚合过程相似。扫描的过程中出现了 P1 峰和 P2 峰。其中，P1 峰不太明显，对应电位在 1.15 V。P2 峰较 P1 峰更为明显，对应电位在 1.40 V。一些文献将 P1 峰归因于吸附在电极上的 EDOT 单体的氧化，亦有文献中将其归因于 EDOT 单体在溶液中的扩散。覆盖在电极表面的 PEDOT：PSS 会与金电极形成新的复合电极。经过 P1 峰之后，随着电极电位升高，电流密度逐渐增加。当电极电位超过 P2 峰对应电位时，电极表面覆盖的 PEDOT：PSS 过氧化，使得电流密度急剧减小。

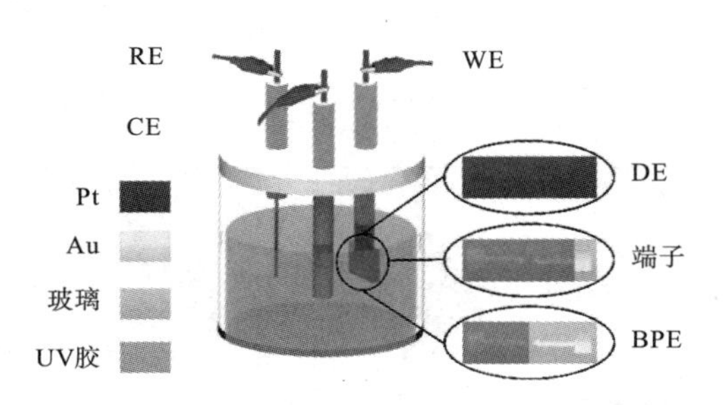

图 4-23　电化学测试实验装置图

固定 NaPSS 的浓度，EDOT 单体浓度分别为 10 mM、20 mM、30 mM，扫描参数保持不变，取扫描的第 1 圈然后进行对比，如图 4-24(b)所示。随着 EDOT 浓度的增加，P1 峰和 P2 峰对应的电流密度逐渐增加，EDOT 单体氧化速度和 PEDOT 生长速度明显增加。使用 10 mM 的 EDOT 和 0.1 mM 的 NaPSS 混合水溶液进行循环伏安测试。扫描速度从 10 mV/s 增大到 100 mV/s，步进为 10 mV/s。每个速度扫描 5 圈，第 3 圈扫描结果如图 4－24(c)所示。随着扫描速度的增加，P1 峰和 P2 峰对应的电流密度逐渐增加。当扫描速度从 10 mV/s增加到 100 mV/s 时，P1 峰对应的电流密度从 1.4 mA/cm^2 增加到 3.2 mA/cm^2，P2 峰电流密度从 4 mA/cm^2 增加到8 mA/cm^2。P1 峰对应的电流密度和扫描速度平方根(见图 4－24(d))近似呈线性关系。这表明单体氧化过程受到单体本身扩散到电极表面的速度限制，这与文献[59]的结论一致。另外，这一结果也表明 P2 峰可能是由于聚合物薄膜的过度氧化造成的，这会导致聚合物薄膜的电活性受到损失。

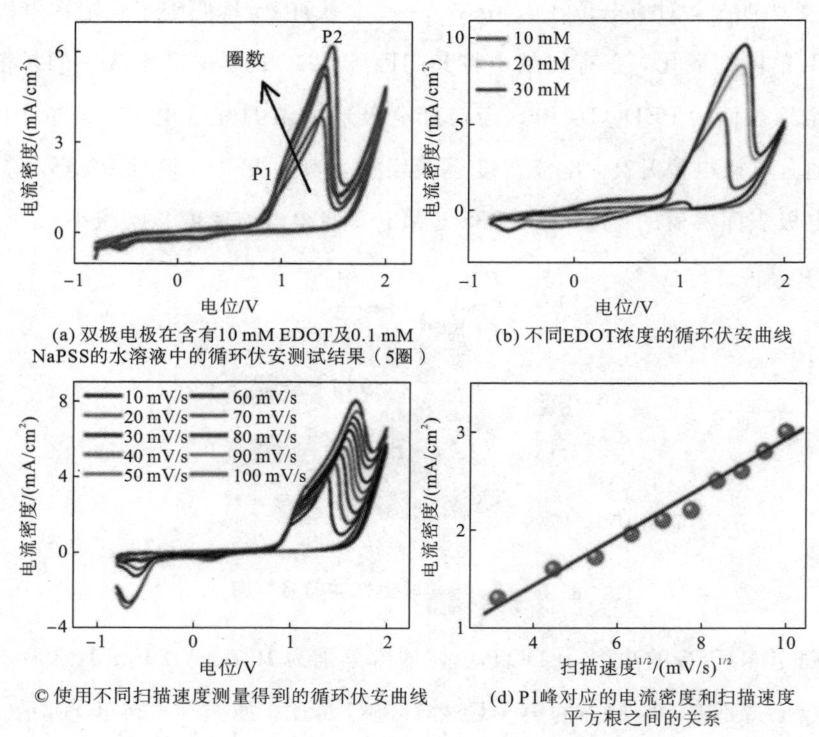

(a) 双极电极在含有10 mM EDOT及0.1 mM NaPSS的水溶液中的循环伏安测试结果（5圈）

(b) 不同EDOT浓度的循环伏安曲线

© 使用不同扫描速度测量得到的循环伏安曲线

(d) P1峰对应的电流密度和扫描速度平方根之间的关系

图 4－24 循环伏安实验结果

交流阻抗测试也采用图 4－23 所示装置。依次使用驱动电极(DE)，双极电极(BPE)和 BPE 的焊盘(Pad)作为工作电极；使用饱和甘汞电极为参比电极(RE)；使用铂丝作为对电极(CE)。当使用 Pad 作为工作电极时，BPE 的其他部分使用紫外敏感胶(UV 胶)进行封闭。测试之前，将配制好的电解液鼓氮气 10 min，以除去电解液中的氧气。工作电极在金相磨抛机上先后分别用0.5 μm 和 0.3 μm 的铝粉打磨，并在 0.5 M 的硫酸溶液中，使用 100 mV/s 的扫描速度循环伏安扫描10 min。然后依次使用丙酮、酒精和去离子水，在超声波清洗器中超声清洗。实验用的去离子水电阻率大于 18 MΩ · cm。

2. 电化学阻抗谱等效电路

电化学阻抗谱(ESI)是指给电化学系统施加随时间正弦规律变化的微小电流(或电势)，同时测量对应的电化学系统电势(或电流)随时间的变化规律，或者直接测量电化学系统的交流阻抗(或导纳)。对于电化学系统，只要扰动和响应之间满足因果性、线性和稳定性条件，就可以得到电极过程的阻抗谱。需要注意的是，电极极化过程的电流和电势之间关系通常采用 Butler Volmer 方程进行描述。只要电势足够小(小于 10 mV)，就可以近似认为扰动和响应之间满足线性条件。

常用的阻抗谱是阻抗复平面图(Nyquist 图)和阻抗波特图(Bode 图)。前者是以阻抗的实部作为横轴，虚部作为纵轴绘制而成的曲线。后者包括两条曲线，一条用于描述阻抗的模值随频率的变化，另一条用于描述阻抗的相位角随频率的变化。一般情况下，Bode 图中同时包括 Bode 模图和 Bode 相图。

电化学阻抗谱测量的目的是确定电极反应过程和动力学机理，同时测定电极反应过程中的动力学参数或者其他一些物理参数。为了实现上述目的，需要对阻抗谱所得到的数据进行进一步分析和处理，其中，曲线拟合是最常用的处理方式。在进行曲线拟合之前，需要先建立合理的电极反应过程的物理模型和数学模型，这些模型可用于解释电极反应过程和动力学机理。之后，根据拟合值确定模型中未知参数的值，得到电极反应过程的动力学参数。曲线拟合过程中所用的模型主要包括两种：一种是等效电路模型，该模型中电学元件的具体值就是未知参数；另一种是数学关系式模型。

对于电极反应 $O+ne^- \rightleftharpoons R$，在直流极化稳态下进行电化学阻抗谱测试，若测试过程中浓度极化(由扩散过程引起的阻抗变化)可以忽略，则电极处于电化学步骤(电荷转移过程)控制，此时可以使用图 4-25(a)所示的电路表示电

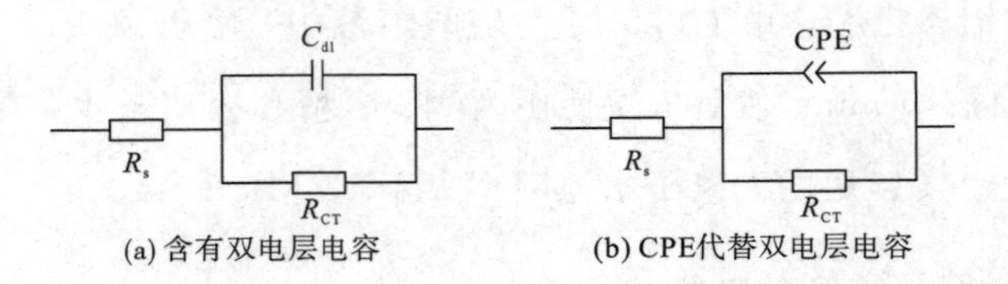

图 4-25 电极反应等效电路

极反应，其中，R_s表示溶液电阻，R_{CT}表示电荷转移电阻，C_{dl}表示双电层电容。相关研究表明[77]，电化学步骤控制下的电极阻抗的实部、虚部分别为

$$\mathrm{Re}(Z)=R_s+\frac{R_{CT}}{1+\omega^2 C_{dl}^2 R_{CT}^2} \tag{4-12}$$

$$\mathrm{Im}(Z)=\frac{\omega C_{dl} R_{CT}^2}{1+\omega^2 C_{dl}^2 R_{CT}^2} \tag{4-13}$$

将两式联立得

$$\omega C_{dl} R_{CT}=\frac{\mathrm{Im}(Z)}{\mathrm{Re}(Z)-R_s} \tag{4-14}$$

将式(4-14)代入式(4-12)得

$$\mathrm{Re}(Z)=R_s+\frac{R_{CT}}{1+\frac{[\mathrm{Im}(Z)]^2}{(\mathrm{Re}(Z)-R_s)^2}} \tag{4-15}$$

整理得

$$\left(\mathrm{Re}(Z)-R_s-\frac{R_{CT}}{2}\right)^2+[\mathrm{Im}(Z)]^2=\left(\frac{R_{CT}}{2}\right)^2 \tag{4-16}$$

根据式(4-16)可得，复数平面上点(Re(Z)，Im(Z))的轨迹是一个圆，圆心坐标为($R_s+\frac{R_{CT}}{2}$，0)，半径为$\frac{R_{CT}}{2}$。对于电极反应 $O+ne^- \rightleftharpoons R$，可以使用

公式(4－16)的等效电路描述，电路阻抗为

$$Z = R_s - \mathrm{j}\,\frac{1}{\omega C_{dl}} \tag{4-17}$$

由式(4－17)可得，阻抗虚部总是正值，故而在复数平面上，(Re(Z)，Im(Z))点的轨迹只包括实轴上半部分的半圆。

电化学阻抗谱测量得到的 Niquist 曲线总会偏离半圆的轨迹，仅仅是一段实轴以上的圆弧，这段圆弧被称为容抗弧。产生这种现象的原因是电极的“弥散效应”，弥散效应和电极表面的不均匀性、电极表面吸附层以及溶液的导电性有关，反映了电极界面双电层偏离理想电容的性质。换句话说，仅仅把电极界面双电层简单地描述成一个电容是不够准确的，因此引入了常相位角元件的概念。

常相位角元件(Constant Phase Element，CPE)的阻抗为

$$Z = Y_0\,(\mathrm{j}\omega)^{-n} \tag{4-18}$$

由式(4－18)可得，CPE 有两个参数 Y_0 和 n。Y_0 的单位是 $\Omega^{-1}\cdot \mathrm{S}^n$，$Y_0$ 和电容参数 C 一样总是取正值；n 是一个无量纲参数。进一步，由 Euler 公式可得

$$\mathrm{j}^{\pm n} = \left[\cos\left(\frac{\pi}{2}\right) + \mathrm{j}\sin\left(\frac{\pi}{2}\right)\right]^{\pm n} = \mathrm{e}^{\pm \mathrm{j}\frac{n\pi}{2}} = \cos\left(\frac{n\pi}{2}\right) \pm \mathrm{j}\sin\left(\frac{n\pi}{2}\right) \tag{4-19}$$

因此式(4－18)可写为

$$Z = \frac{\omega^{-n}}{Y_0}\cos\left(\frac{n\pi}{2}\right) - \mathrm{j}\,\frac{\omega^{-n}}{Y_0}\sin\left(\frac{n\pi}{2}\right) \tag{4-20}$$

CPE 的阻抗模为

$$|Z| = \frac{\omega^{-n}}{Y_0} \tag{4-21}$$

CPE 的导纳和导纳模分别为

$$Y = Y_0\,\omega^n \cos\left(\frac{n\pi}{2}\right) + \mathrm{j}\,Y_0\,\omega^n \sin\left(\frac{n\pi}{2}\right) \tag{4-22}$$

$$|Y| = Y_0\,\omega^n \tag{4-23}$$

因此，CPE 的阻抗和导纳的相位角(θ)均为

$$\theta = \frac{n\pi}{2} \tag{4-24}$$

综上，当 $n=0$ 时，CPE 相当于一个电阻，$Y_0=\frac{1}{R}$；当 $n=1$ 时，CPE 相当于一个电容，$Y_0=\frac{1}{C}$，$Y=\mathrm{j}\omega C$，$Z=-\mathrm{j}\frac{1}{\omega C}$；当 $n=-1$ 时，CPE 相当于一个电感，$Y_0=\frac{1}{L}$，$Y=-\mathrm{j}\frac{1}{\omega L}$，$Z=-\mathrm{j}\omega L$；当 $n=0.5$ 时，CPE 相当于一个半无线扩散引起的韦伯(Warburg)阻抗，其 Niquist 图为第一象限一条过原点的 45°的直线。当 $0.5<n<1$ 时，CPE 呈容性，可以代替电极与溶液界面的双电层电容(见图4-25(b))。对于具有弥散效应的阻抗谱，使用图 4-25(b)所示的等效电路有较好的拟合度。

很明显，当 $n<1$ 时，CPE 的参数Y_0并不能代替电容，为此，需明确 CPE 参数与界面电容之间的关系。Brug 等人[78]通过处理时间常数的表面分布，建立了阻塞系统和法拉第系统的界面电容和 CPE 参数之间的关系。Hsu 等人[79]提出了一种新的关于Y_0、n 和ω_{max}的关系，ω_{max}表示阻抗虚部为最大值时的特征频率。Huang 等人[80]提出一种在具有法拉第反应的圆盘电极上利用电流和电压诱导高频 CPE 的行为，结果表明 Brug 等人提出的等效电容公式比 Hsu 等人提出的方程对 CPE 的估计更为准确。

图 4-25(b)所示的等效电路的导纳为

$$Y=\frac{1}{R_s}\left[1-\frac{R_{CT}}{R_s+R_{CT}}\left(1+\frac{R_s R_{CT}}{R_s+R_{CT}}Y_0\,(\mathrm{j}\omega)^n\right)^{-1}\right] \tag{4-25}$$

式(4-25)可以用时间常数τ_0表示：

$$Y=\frac{1}{R_s}\left[1-\frac{R_{CT}}{R_s+R_{CT}}\,(1+(\mathrm{j}\omega\tau_0)^n)^{-1}\right] \tag{4-26}$$

其中，时间常数τ_0为

$$\tau_0=\frac{R_s R_{CT}}{R_s+R_{CT}}C_{eff} \tag{4-27}$$

联立式(4-25)和式(4-27)可得

$$\tau_0^n=Y_0\frac{R_s R_{CT}}{R_s+R_{CT}}=Y_0\left(\frac{1}{R_s}+\frac{1}{R_{CT}}\right)^{-1} \tag{4-28}$$

因此，CPE 参数和有效电容C_{eff}之间的关系为

$$C_{eff}=Y_0^{\frac{1}{n}}\left(R_s^{-1}+R_{CT}^{-1}\right)^{\frac{(n-1)}{n}} \tag{4-29}$$

或

$$C_{eff}=Y_0^{\frac{1}{n}}\left(\frac{R_s R_{CT}}{R_s+R_{CT}}\right)^{\frac{(1-n)}{n}} \tag{4-30}$$

当电荷转移电阻R_{CT}趋近于无穷大时，式(4－30)和式(4－29)可以表示为

$$C_{eff}=Y_0^{\frac{1}{n}}\left(R_s\right)^{\frac{(1-n)}{n}} \tag{4-31}$$

如图 4－26(a)所示，嵌入在充满电解液的微流道中的金属条作为双极电极。当电压施加在微流道中电解液两端时，由于电解液具有高电阻性，使得沿通道长度的电压降呈线性变化。该线性电场使得双极电极(等势体)与其末端接触的溶液之间形成电势差。若该电势差足够大，则可以驱动电解液的还原和氧化，发生法拉第反应。Li 等人[81]提出一种用于描述该系统的等效电路图(见图 4－26(b))。其中 R_{s1}是驱动电极到双极电极左端的溶液电阻，R_{s2}是双极电极上方溶液电阻，R_{s3}是驱动电极到双极电极右端的溶液电阻，R_{CT}是法拉第电阻，C_{dl1}是双极电极左端的双电层电容，C_{dl2}是双极电极右端的双电层电容。

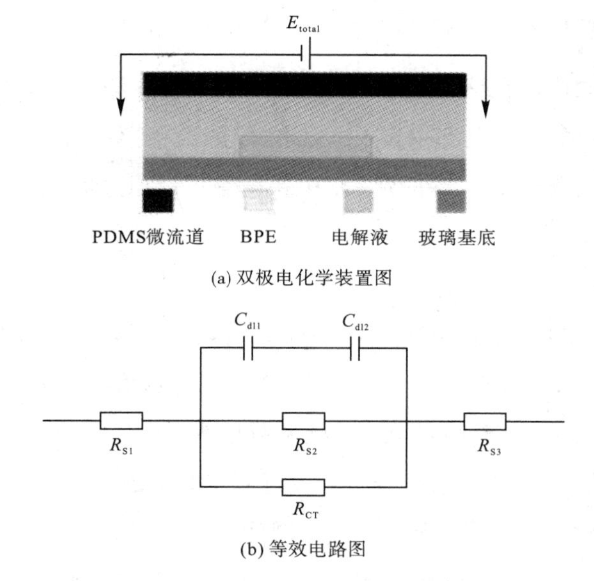

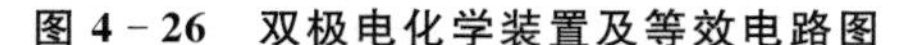

图 4－26　双极电化学装置及等效电路图

类似地，本文的实验过程可以使用图 4－27 所示的等效电路来分析。其中，C_{dl1}、C_{dl4} 分别是左边和右边双极电极(BPEs)的 Pad 和 Tip 与溶液之间形成的双电层电容，C_{dl2}、C_{dl3} 分别是左边和右边双极电极的 Tip 与溶液之间形成的双电层电容，C_{dl5}、C_{dl6} 分别是左、右两个驱动电极与溶液之间形成的双电层电容，R_{s1} 是左边驱动电极到左边双极电极 Pad 的溶液电阻，R_{s4} 是右边驱动电极到右边双极电极 Pad 的溶液电阻，R_{s2}、R_{s3} 分别是左边和右边双极电极上方的溶液电阻。该等效电路主要应用于定性分析。

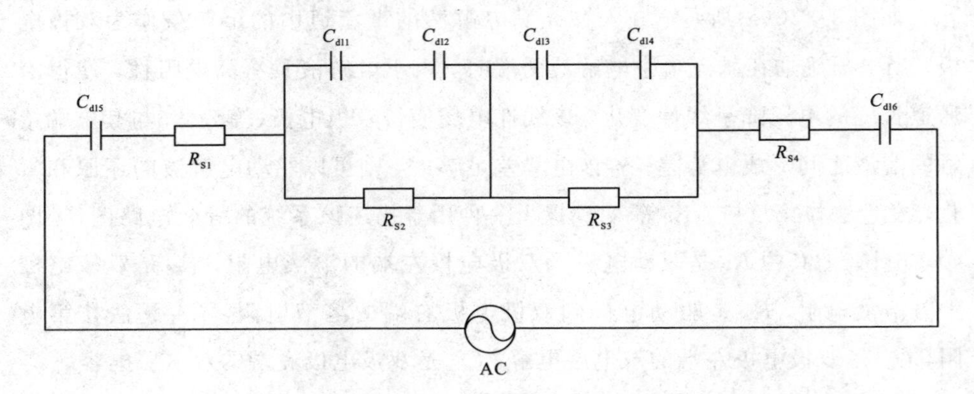

图 4－27 双极电化学反应的等效电路

为了简便起见，我们假设在该过程中不发生法拉第反应，法拉第电阻趋于无穷，因此图 4－27 所示的等效电路中未引入法拉第电阻。等效电路中溶液电阻可以根据溶液电阻的计算公式计算得到，双电层电容可以通过电化学阻抗谱测量获得。

1) C_{dl5} 和 C_{dl6} 的测量

工作电极使用图 4－23 所示的铂片驱动电极(DE)，浓度为 20 mM EDOT 分别和浓度为 0.1 mM、0.3 mM、0.5 mM 的 NaPSS 混合水溶液作为电解液，交流电压幅值为 5 mV，没有直流偏置电压，频率范围为 1～10 000 Hz，测量结果如图 4－28(a)所示。图像的高频部分是一段过原点的半圆，半圆直径表示电荷转移电阻，半圆与横轴的交点为溶液电阻；图像的低频部分是一段具有一定斜率的直线。由图 4－28(a)可知，随着 NaPSS 浓度的增加，半圆的直径逐渐减小，说明电荷转移电阻逐渐减小，溶液电子传输能力越来越强，溶液的导电性越来越好。对于双极电化学反应，溶液导电性越好，体系中会有更多的电流通过溶液。这导致流过双极电极的电流减少，从而影响电化学反应的进行。因此，在双极电化学沉积制备 PEDOT：PSS 薄膜的实验中，电解液采用了浓度为 0.1 mM 的 NaPSS 和 20 mM EDOT 单体的混合水溶液。

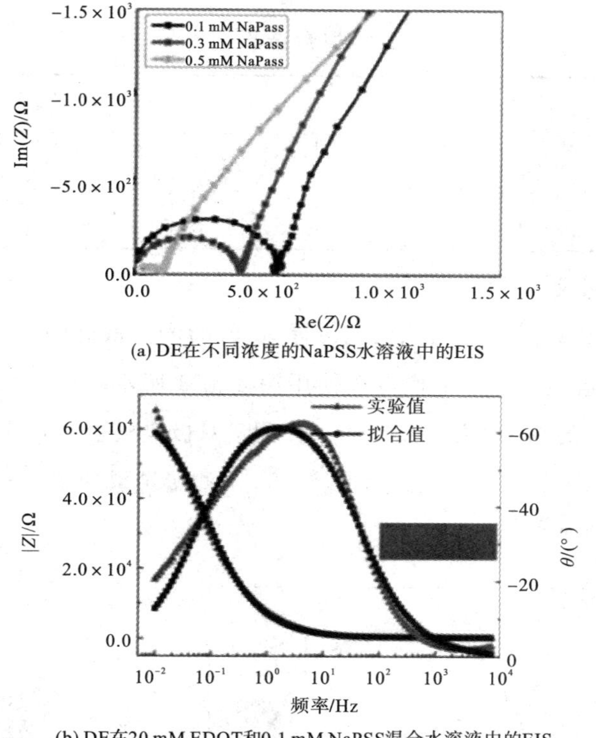

(a) DE在不同浓度的NaPSS水溶液中的EIS

(b) DE在20 mM EDOT和0.1 mM NaPSS混合水溶液中的EIS

图 4－28　电化学阻抗谱(EIS)测量结果

如图 4－27 所示，C_{dl5}、C_{dl6} 分别为左、右驱动电极与溶液之间形成的双电层电容，为了得到双电层电容的具体参数，工作电极采用图 4－23 所示的 DE，交流电压幅值为 5 mV，直流偏置电压为 0 V，交流电压频率范围为 0.01 Hz 到 10 000 Hz，在浓度为 20 mM EDOT 和浓度为 0.1 mM NaPSS 的混合水溶液中使用图 4－23 所示的三电极体系测量电化学阻抗谱，测量结果如图 4－28

(b)所示。在 Image View 软件中对图 4－25(b)所示的电路进行拟合，拟合误差均小于 10％，拟合结果如表 4－1 所示。拟合得到的溶液电阻为 28Ω，电荷转移电阻为 6.5×10^4 Ω。需要注意的是，电极表面不均匀性导致电极产生“弥散效应”，使得双电层电容的性质偏离了理想电容的性质，而趋向于常相位角元件(CPE)。因此，使用式(4－31)将 CPE 转化成有效电容 C_{eff}，通过计算得到的双电层电容的电容值为 4.5×10^{-6}F。

表 4－1 EIS 拟合结果

	R_s/Ω	R_{CT}/Ω	Y_0	n	C_{eff}/F
电解液/驱动电极界面	28	6.5×10^4	3.3×10^{-5}	0.7	4.5×10^{-6}
误差/％	9.4	8.7	6.5	7.6	—

2) C_{dl1} 和 C_{dl4} 的测量

如图 4－27 所示，C_{dl1} 和 C_{dl4} 为双极电极焊盘(Pad)和溶液之间形成的双电层电容，为了得到电容具体值，工作电极使用图 4－23 所示的端子(即 pad)，其他参数与 C_{dl5} 和 C_{dl6} 的测量参数一致。为了只测量双极电极上 Pad 的 EIS，使用 UV 胶将双极电极的其他部分覆盖(见图 4－23)，测量结果如图 4－29 所示，拟合结果如表 4－2 所示。

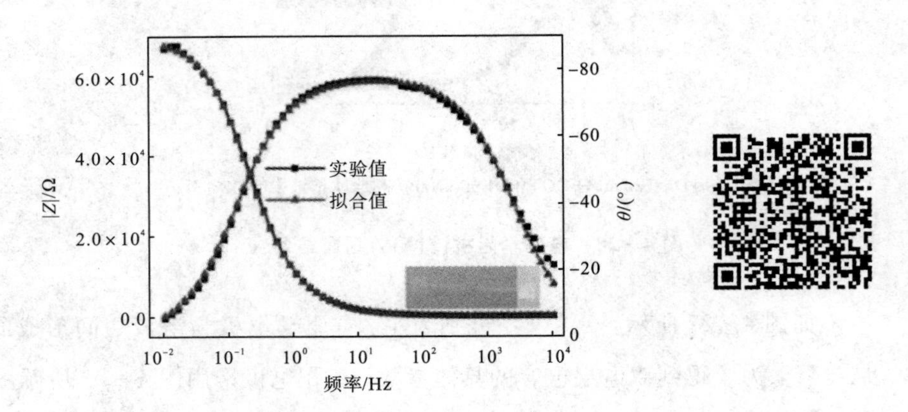

图 4－29 双极电极的焊盘(Pad)在 20 mM EDOT 和 0.1 mM NaPSS 混合水溶液中的 EIS

表 4-2　EIS 拟合结果

	R_s/Ω	R_{CT}/Ω	Y_0	n	C_{eff}/F
电解液/双极电极焊盘界面	14	6.9×10^4	2.2×10^{-5}	0.9	9.0×10^{-6}
误差/%	9.1	9.3	8.4	7.6	—

3) C_{dl2} 和 C_{dl3} 的测量

如图 4-27 所示，C_{dl2} 和 C_{dl3} 为双极电极尖端(Tip)和溶液之间形成的双电层电容，为了得到双电层电容具体值，首先使用 UV 胶覆盖除电极尖端以外的部分(见图 4-30 插图)，然后将覆盖后的电极作为工作电极，其他参数与 C_{dl5} 和 C_{dl6} 的测量参数一致。EIS 测量结果如图4-30所示。从图中可以看出，EIS 谱图没有任何规律，很难使用具体的电路去拟合，这可能是由于双极电极尖端面积(75 μm^2)太小导致 EIS 谱图的信噪比失衡。

如图 4-27 所示，双极电极总电容可以使用 Pad(C_{dl1})和 Tip(C_{dl2})与溶液之间形成的双电层电容的串联表示。

根据电路基础，C_{dl1} 和 C_{dl2} 串联总电容 C_{tot} 的表达式：

$$\frac{1}{C_{tot}}=\frac{1}{C_{dl1}}+\frac{1}{C_{dl2}} \tag{4-32}$$

整理可得 C_{dl2} 的表达式：

$$C_{dl2}=\frac{C_{tot}C_{dl1}}{C_{dl1}-C_{tot}} \tag{4-33}$$

由式(4-33)可知，只要能够测出 C_{dl1} 和串联的总电容 C_{tot}，即可根据公式(4-32)计算得到 C_{dl2} 的值。为了得到 C_{tot}，使用图 4-23 所示的 BPE 作为工作电极，其他参数与 C_{dl5} 和 C_{dl6} 的测量参数一致，EIS 测量结果如图 4-31 所示。使用软件 Image View 对 EIS 测量结果进行拟合，拟合结果如表 4-3 所示。根据式(4-33)计算得到 C_{dl2} 为 5 μF，C_{dl3} 等于 C_{dl2}。

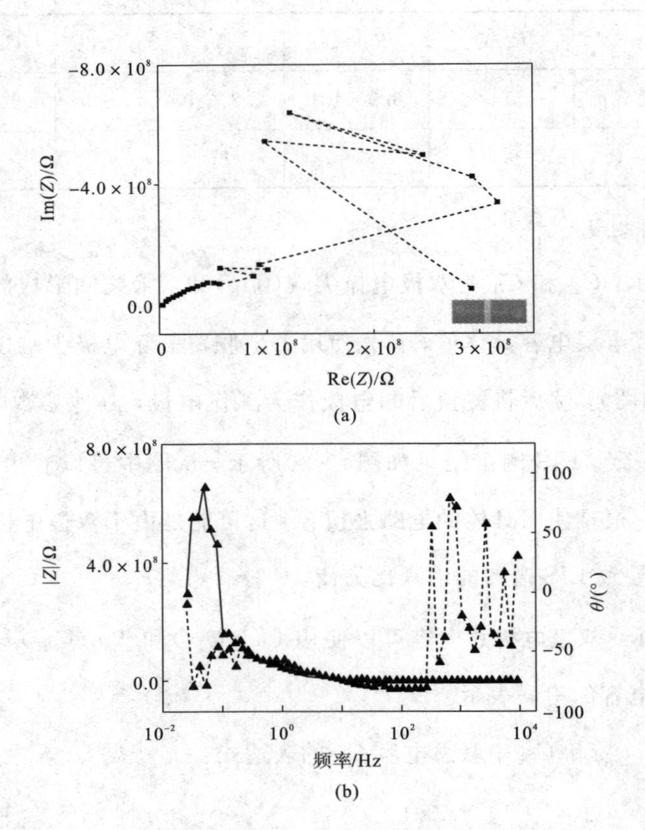

图 4-30 双极电极的尖端(Tip)

在20 mM EDOT和0.1 mM NaPSS混合水溶液中的EIS

表 4-3 EIS 拟合结果

	R_s/Ω	R_{CT}/Ω	Y_0	α	C_{eff}/F
电解液/双极电极界面	11	8.0×10^4	1.0×10^{-5}	0.9	3.5×10^{-6}
误差/%	9.1	8.3	9.6	8.1	—

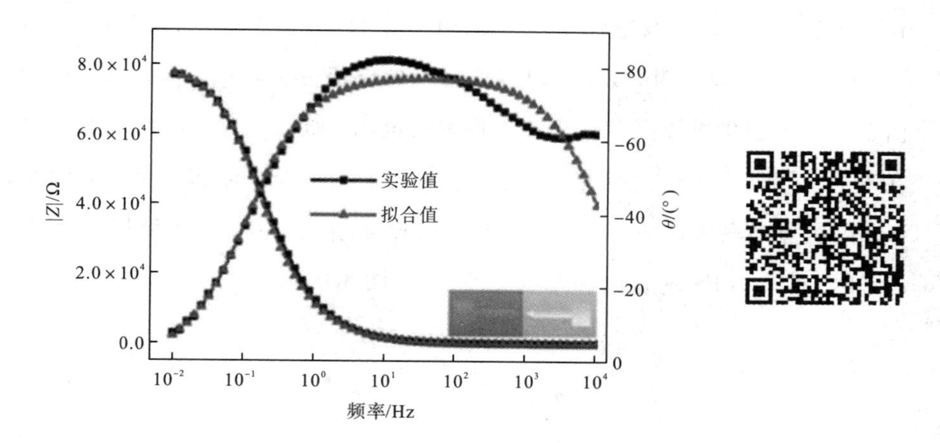

图 4-31　BPE 在 20 mM EDOT 和 0.1 mM NaPSS 混合水溶液中的 EIS

4）溶液电阻的计算

对于电导率为 σ，长度为 L''_0，横截面积为 S 的溶液，其溶液电阻(R_s)为

$$R_s = \frac{1}{\sigma S / L''_0} \tag{4-34}$$

根据文献[82]可知，NaPSS 浓度为 0.1 mM 的水溶液电导率为 0.04 S/cm，根据式(4-34)计算得到 R_{s1} 和 R_{s2} 的值分别为 1250 Ω 和 2500 Ω。

3. 数值分析

为了进一步了解电化学体系的电势分布，使用 Multisim 电路仿真软件进行分析。等效电路使用图 4-27 所示的电路，施加的正弦交流电压幅值为 16 V_{pp}，频率为 50 Hz 到 1000 Hz，计算得到驱动电极(DE)、双极电极尖端(Tip)、双极电极端子(Pad)与溶液形成的双电层电容上的诱导电势分布如图 4-32所示。由图 4-32(a)可知，双电层电容上诱导电势随频率的增加而降低。当交流电压频率从 50 Hz 升高到 1000 Hz 时，驱动电极双电层电容上的诱导电势从 1.5 V 减小到 0.6 V，变化值为 0.9 V；双极电极尖端双电层电容上的诱导电势从1.2 V减小到 0.6 V，变化值为 0.6 V；双极电极端子双电层电容上的诱导电势从 1.0 V 减小到 0.6 V，变化值为 0.4 V。当交流电压频率在 50～

400 Hz变化时，3 个双电层电容上的电势变化幅度较大；当交流电压频率在600～1000 Hz 变化时，3 个双电层电容上的电势变化较小。根据文献报道[83]，由于双极电极尖端周围存在分布不均匀的电场，所以自由基阳离子的电泳速度在不同的空间位置会发生变化。双电层电容上的诱导电势随着频率的增加而降低，电解液中电压增加，反应物质的传质速度增加。因此，当使用更大的频率时，PEDOT：PSS 的宽度和厚度会减小(见图 4－20(a))。

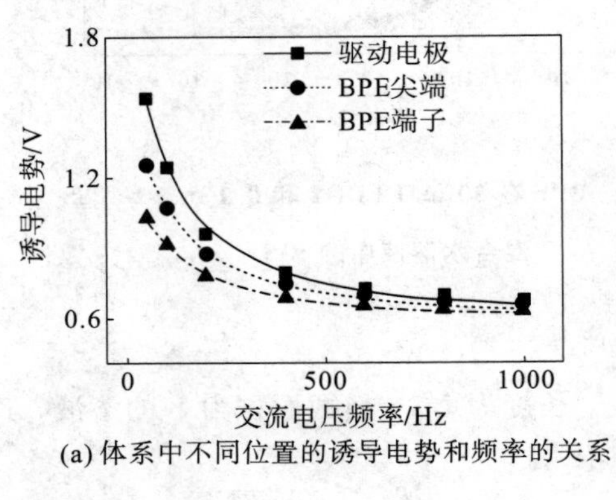

(a) 体系中不同位置的诱导电势和频率的关系

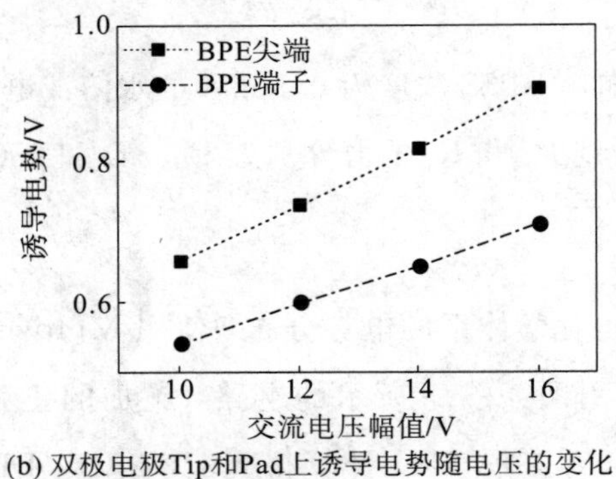

(b) 双极电极Tip和Pad上诱导电势随电压的变化

图 4－32　电化学体系的电势分布

进一步分析发现，双电层电容上的诱导电势越大，电极的极化程度越高。根据图 4－32(a)所示可知，双极电极的极化程度随着驱动电压频率的增加而减小。根据电沉积理论，电极极化程度越高，电沉积得到的材料越致密。因为电沉积总是在电极的活性位点处生成小的晶核，然后晶核逐渐长大，相互连接形成薄膜。若晶核的生成速度大于晶核的成长速度，则生成晶核多，薄膜就越细致。反之，晶核生成速度小于晶核成长速度，则会导致结晶粗大，薄膜就越疏松(见图4－20(c))。

等效电路使用图4－27所示的电路模型，施加幅值分别为10 V_{pp}、12 V_{pp}、14 V_{pp}、16 V_{pp}，频率为50 Hz的正弦交流电压，通过Multisim电路仿真软件计算得到了双极电极尖端(Tip)和端子(Pad)与溶液之间形成的双电层电容上的诱导电势分布，结果如图4－32(b)所示。由图可知，随着交流电压幅值的增加，双极电极尖端和端子的双电层电容上的诱导电势逐渐增加，并且呈线性变化。当交流电压幅值从10 V_{pp}增加到16 V_{pp}，双极电极尖端的双电层电容上的诱导电势从0.65 V增加到0.9 V，变化值为0.25 V；双极电极端子的双电层电容上的诱导电势从0.53 V增加到0.65 V，变化值为0.08 V；双极电极尖端与溶液界面双电层上的诱导电势随电压幅值的变化量相较于电压频率引起的变化量更小，因此交流电压频率对于PEDOT：PSS薄膜形貌的影响更为明显，这与实验结果相一致。

图4－32(b)显示了双极电极尖端和端子的双电层电容上的诱导电势与交流电压幅值之间的关系。二者均随电压幅值的增大而增大，且双极电极端子的双电层电容上的电势普遍低于双极电极尖端的双电层电容上的电势。因此，PEDOT：PSS首先出现在双极电极尖端(见图4－33(a)～(f))。此外，图4－33(g)和图4－33(i)表明，当驱动电压在双极电极端子上产生的诱导电势达到EDOT的聚合电位(0.658 V)时，聚合物开始在端子上生长。随着驱动电压的增加，聚合物有向端子内部延伸的倾向(见图4－33(i)和图4－33(l))。

另一方面，根据图4－32(a)和图4－32(b)可知，通过调整频率实现的诱导电势变化范围比通过调整电压幅值实现的诱导电势范围更大(约为2倍)。如图4－33(e)、图4－33(h)、图4－33(k)所示，交流电压幅值变化所形成的膜与图4－18所形成的膜的差异要小得多，因而从实验上验证了交流电压的频率比幅值更有利于PEDOT：PSS薄膜形貌调控的结论。

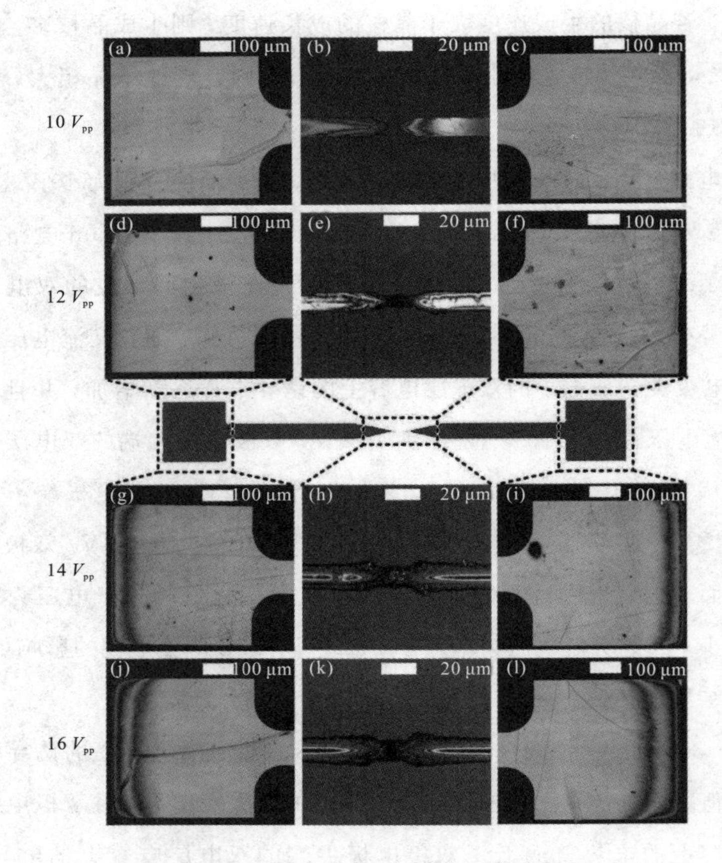

图 4-33　不同交流电压幅值电沉积结果图

4.4 高稳定性 PEDOT: PSS 薄膜的交流电沉积

4.2 和 4.3 节分别介绍了使用交流电沉积以及交流双极电化学沉积制备 PEDOT：PSS 薄膜及其阵列的研究。这些研究证明 PEDOT：PSS 有机半导体膜可通过交流电实现电聚合，其结构与形貌可通过交流电压的幅值、频率及电解液浓度等电化学参数进行调控。然而，PSS 聚合物虽有利于 3，4-乙烯二氧噻吩(EDOT)单体的溶化，但其导电性差，并且具有弱酸性和水溶液不稳定的缺点，严重影响有机半导体膜在生物传感中的应用前景。本节将介绍以离子液体(IL)作为单体EDOT电聚合的溶剂，实现单相PEDOT有机半导体膜制备。

4.4.1　离子液体简介

离子液体(IL)组成部分包括：阳离子(有机)和阴离子(有机或者无机)。1914年，Walden研究小组率先在离子液体方向进行研究，并在硝基乙胺盐的合成与制备领域取得了突破。这种新型盐熔点较低(仅为12℃)，即便在室温条件下也可呈液态，但由于其化学性质不稳定，因此并未有研究者在此领域继续进行深入研究。1951年，Hurley和Wier团队在电镀铝的研究过程中，意外合成乙基吡啶溴化物-三氯化铝，揭开了第一代离子液体发展的序幕，同时促进了$AlCl_3$型IL的进步与应用。但是随后几年，IL的发展陷入滞缓时期。

20世纪中后叶，世界范围内军事、航空、航天等领域发展对新材料提出了更高要求。在此背景下，Osteryoung团队在前人基础上制备了新型N-烷基吡啶$AlCl_3$型离子液体[84]。1992年，Wilkes合成了1-乙基-3-甲基咪唑四氟硼酸盐[85]，不同于传统$AlCl_3$型IL，它在保持传统IL熔点低的优点上具有抗水解与稳定性高的优异性能。这项发现打破了人类对IL的认知，拓展了相关研发思路并促进了IL的发展。在此后若干年，Bonhote[86]团队另辟蹊径，在咪唑类IL方向陆续取得了突破。这类IL在耐水、黏度和导电方面具有优异的性能，为离子液体在电化学领域的研究奠定了基础。尤其近年来，IL的研究得到广泛关注并取得快速发展，科学家们和各研发团队甚至可以根据自己的实际需求设计研发和合成不同种类的多功能IL，比如复合离子液体、酸性离子液体等。

总体上，IL是一种绿色环保无污染的新型化学试剂，在工业生产中取得了广泛的应用，其优异的物理、化学性质包括：

(1) 大部分IL的熔点约为0℃，并可以在较广的温度范围内保持液体状态；

(2) IL 的电化学窗口可高达 3.5 V，可以作为电化学介质或电解液；

(3) IL 性能稳定，基本不存在蒸汽压，一般无色无味，不易挥发，并可以通过添加有机物和适当升温等较为简便的方式来实现降低黏度的目的；

(4) IL 溶解性能较好，同时可以利用极性相异的离子实现 IL 溶解性的变化。

笔者所在的研究小组的合作团队成功合成了质子离子液体(PIL)和 HHexam(Tf2NT)[87-88]，并系统研究了这种 PIL 的理化性质，如：温度为 308.15 K 时其密度为 1.412 4 $g \cdot cm^{-3}$，黏度为 159 $mPa \cdot s^{-1}$，电导率为530 $S \cdot cm^{-1}$。

4.4.2 基于 PIL 的 PEDOT 薄膜形貌表征

微电极芯片仍然采用图 4-14 所示的结构形式，但是电解液的配制与前两节略有不同。受篇幅所限，这里仅做简单介绍，有兴趣的读者可以参考我们发表的研究论文[89]。实验所需三种溶液的配制过程如下：

(1) 实验过程中使用的离子液体 HHexam(Tf_2N)为合作团队合成的，其基本配制过程如下：① 在乙醚中将 Hexam 与 HTf_2N 按照 1∶1 的比例进行混合；② 将上述混合溶液进行中和反应 4 h，即可合成质子离子液体；③ 室温下完全蒸发乙醚，分离出的无色透明液体即为 HHexam(Tf_2N)[90]。

(2) 实验过程中使用的电解液 HHexam(Tf_2N)与 EDOT 单体的混合溶液的基本配制过程如下：① 10 mM 的 EDOT 单体溶解在 0.5 mL 的离子液体 HHexam(Tf_2N)中；② 将上述混合溶液放置于超声仪器中水浴 1 h。

上述流程所配制的溶液全部在－20℃环境下保存。之后，用注射泵吸取 2 μL电解液(含有 EDOT 单体与离子液体 HHexam(Tf_2N))滴加到微电极芯片两电极的尖端，使用信号发生器提供电压信号。沉积 PEDOT 膜时，使用显微镜观察。观察到膜的生长从双极电极尖端开始，接着逐渐向中间扩展。等两个微电极完全被 PEDOT 膜桥接，断开信号发生器的输入端。再用去离子水冲洗掉残留物，接着用吸水纸吸取残留液体，最后利用真空干燥箱进行干燥处理，以便进一步表征和测试。

根据笔者前期的研究结果[75-76]可知，交流电压频率对 PEDOT 膜形貌的影响较为明显，因此，本节内容也将着重讨论频率这一因素。如图 4-34 所示，在不同的电学参数条件下，于离子液体 HHexam(Tf_2N)中聚合形成了结构相似的膜状 PEDOT 层。其中，图 4-34(a)和图 4-34(f)所示 PEDOT 膜采用的交流电压幅值为 5.0 V_{pp}，频率为 50 Hz；图 4-34(b)和图 4-34(g)所示 PEDOT膜采用的交流电压幅值为 5.0 V_{pp}，频率为 75 Hz；图 4-34(c)和图 4-34(h)所示 PEDOT 膜采用的交流电压幅值为 5.0 V_{pp}，频率为 100 Hz；图 4-34(d)和图 4-34(i)所示 PEDOT 膜采用的交流电压幅值为 5.5 V_{pp}，频率为50 Hz；图 4-34(e)和图 4-34(j)所示 PEDOT 膜采用的交流电压幅值为 6.0 V_{pp}，频率为 100 Hz。

图 4-34　离子液体中电聚合 PEDOT 膜的扫描电镜图

为探究电压频率对 PEDOT 膜形貌的影响，将图 4-34(a)、(b)、(c)归为一组，交流电压幅值均为 5.0 V_{pp}，频率依次为 50 Hz、75 Hz、100 Hz。从图中可以看出，交流电压幅值固定时，随着频率的增大膜宽度逐渐减小。这种实验现象可根据电泳过程受电场分布的影响来阐释。详细地讲，PEDOT 的交流电沉积从 EDOT 单体的氧化开始[91-93]，接着形成低聚物的自由基阳离子并在 IL

中漂移。因为电场在电极尖端周围和电极间隙中的不均匀性，所以自由基阳离子的电泳速度在不同的空间位置上会发生变化。此外，双电层仅占开路电压的一部分，未屏蔽的部分将随频率的增加而增大。因此，自由基阳离子更倾向于沿着电场线分布，并且 PEDOT 膜倾向于在更高的频率下以更精细的形式聚合。

如图 4-34(f)所示，当频率为 50 Hz，交流电压幅值为 5.0 V_{pp}时，薄膜呈现出致密的球状形态。如图 4-34(g)所示，随着频率增加，薄膜的孔隙率增加。如图 4-34(h)所示，当频率为 100 Hz 时，可以观察到薄膜表面呈海绵状，这与参考文献[94]中的实验结果一致。另一方面，当频率一致，交流电压幅值从 5.0 V_{pp} 增加到 6.0 V_{pp}时，薄膜变得多孔，而平均宽度没有明显变化。

揭示电沉积物的化学成分可以帮助我们理解有机半导体薄膜的结构-性质-功能关系。我们采用面扫描的 X 射线能谱进行分析，扫描结果如图4-35所示。其中，根据扫描区域不同，将其分为两组。图 4-35(a)、(c)、(d)和图 4-35(e)为第一组；图 4-35(b)、(f)、(g)和图 4-35(h)为第二组。第一组的扫描区域如图 4-35(c)所示，第二组的扫描区域如图 4-35(f)所示。

图 4-35(d)为金(Au)的 EDS 图，其扫描区域定义了双极电极区域。图 4-35(e)为硫(S)的 EDS 图，其扫描区域定义了薄膜区域，因为 PEDOT 和 PIL 分子均包含该元素。从图 4-35(d)、(e)可以看出，基于离子液体制备的半导体膜在电极表面上以及电极间隙中均有形成。图 4-35(a)和图 4-35(b)显示了在两个区域内各原子含量的比例。详细地，图 4-35(a)显示出，当选择一个大的扫描区域时，F 元素的峰被基片的 O 元素和 Si 元素所淹没。然而，当选择一个较小的扫描区域时(见图 4-35(b))F 的原子比可高达 2.5%。图 4-35(g)所示为局部区域内 C 元素的 EDS 图，图 4-35(h)所示为局部区域内 F 元素的 EDS 图。根据图 4-35(g)、(h)所示，半导体膜内同时存在 C 元素与 F 元素。然而，只有$[Tf_2N]^-$含有 F 元素，因此可以根据 F 元素的分布推断半导体沟道内可能存在 IL 阴离子。这些实验结果表明，交流电沉积可能实现$[Tf_2N]^-$与自由基阳离子$[EDOT]^{n+}$的共电沉积。

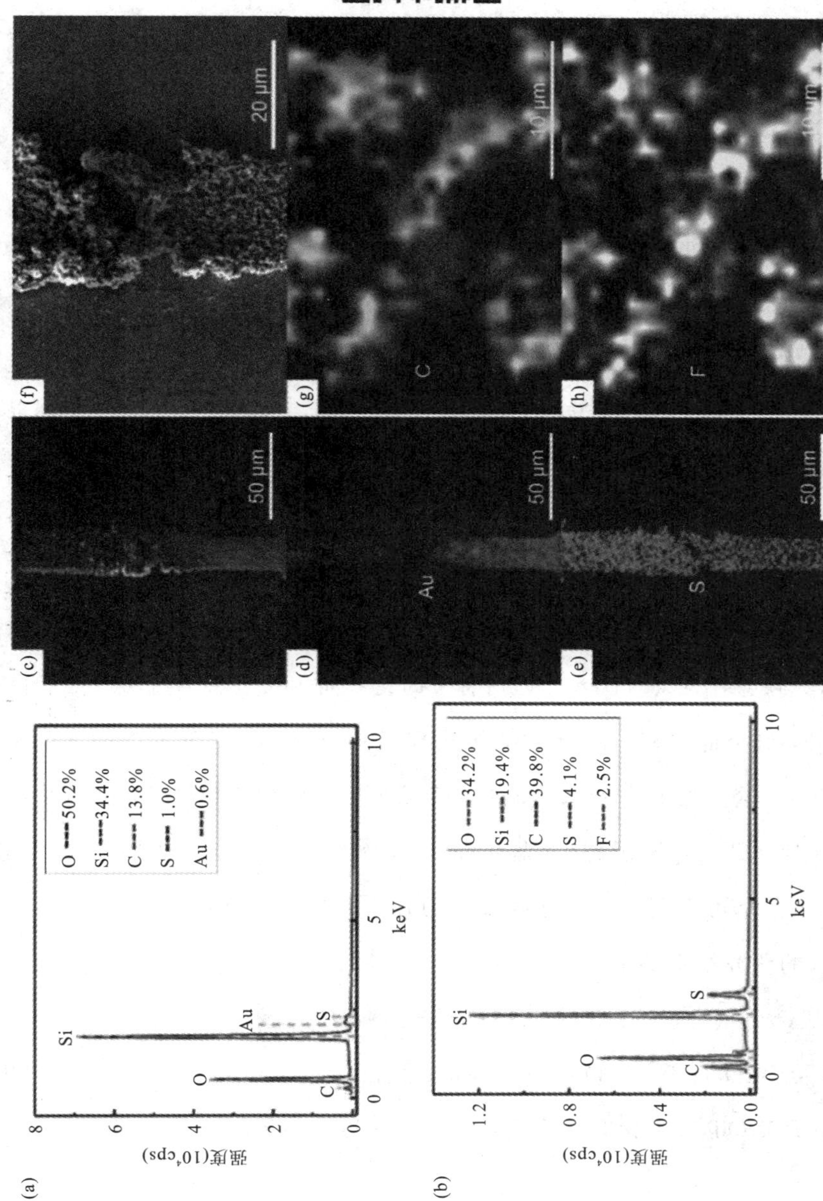

图 4－35　能量色散谱(EDS)表征结果

为了验证$[Tf_2N]^-$与自由基阳离子$[EDOT]^{n+}$共电沉积的推测，我们对样品进行了拉曼表征，如图4-36所示。拉曼测试使用波长为532 nm的激光。图4-36(a)所示为水溶液中沉积的PEDOT：PSS膜的拉曼光谱；图4-36(b)所示为离子液体HHexam(Tf_2N)的拉曼光谱；图4-36(c)所示为使用幅值为5.0 V_{pp}，频率依次为50 Hz、75 Hz、100 Hz的交流电制备的PEDOT膜的拉曼光谱；图4-36(d)所示为PEDOT：PSS、PEDOT以及HHexam(Tf_2N)拉曼光谱的对比。

图4-36(a)显示了在水溶液中沉积的PEDOT：PSS薄膜的光谱，主要峰位有1105 cm^{-1}、1267 cm^{-1}、1366 cm^{-1}、1432 cm^{-1}、1510 cm^{-1}和1560 cm^{-1}。从图4-36(c)中可以看出：随着频率增大，介电泳传质速度加快，PEDOT链状长度变长。图4-36(d)进一步说明：与在水溶液中沉积的PEDOT：PSS薄膜(绿色曲线)的光谱相比，PIL中制备的PEDOT膜(红色曲线)在1430 cm^{-1}、1366 cm^{-1}和989 cm^{-1}处的峰没有显著变化，分别对应于$C_\alpha{=}C_\beta$拉伸振动、$C_\beta{-}C_\beta$拉伸振动、氧乙烯环的扭曲变形。

但是，PEDOT膜在1230～1270 cm^{-1}处显示出较宽的带宽，这可能归因于$[Tf_2N]^-$阴离子对1241 cm^{-1}处对称CF_3键拉伸和变形产生的振动(蓝色曲线)。此外，红色曲线在525 cm^{-1}附近出现了一个峰，在317 cm^{-1}附近出现了一个新的峰，这些均可能是由PIL的振动峰所致。需要注意的是，红色曲线中不存在归因于PIL阳离子的峰(蓝色曲线)，例如1440 cm^{-1}和1330 cm^{-1}处。因此，以上分析可表明：PIL的阴离子$[Tf_2N]^-$被共电沉积在PEDOT膜中，这与Luo的研究结果基本一致[95]。此外，PEDOT膜(红色曲线)与PIL(蓝色曲线)频段部分重叠，如1131 cm^{-1}对应于$\nu(SO_2)$的峰，744 cm^{-1}对应于CF_3的峰，以及PEDOT膜(红色曲线)中的405 cm^{-1}对应于δ(SNS)峰，这与EDS分析发现PEDOT膜中含有少量的氟元素的结果是一致的。

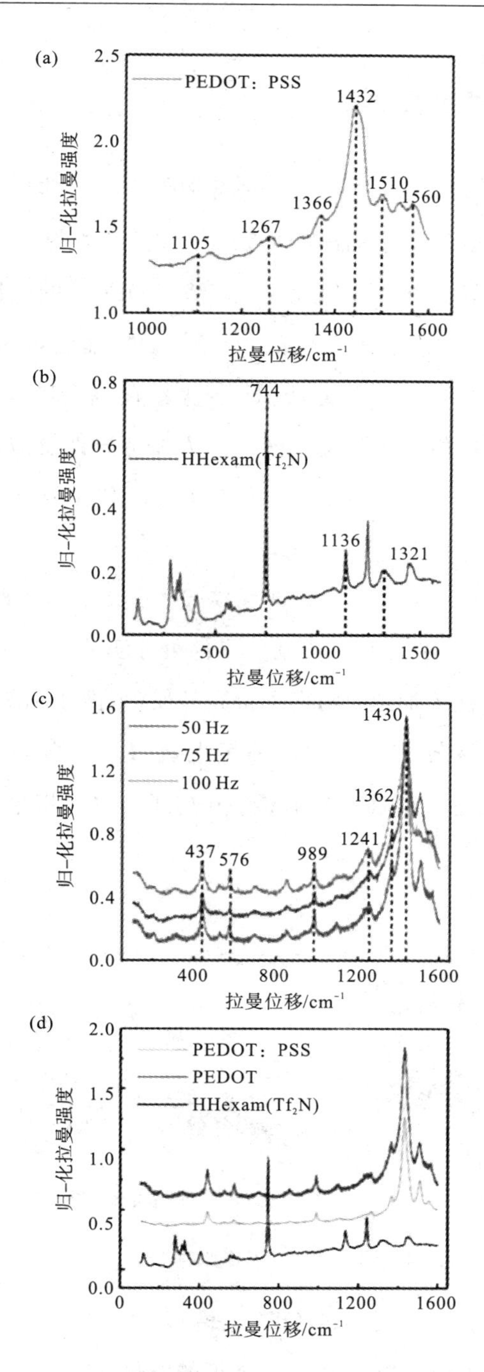

图 4－36　拉曼光谱表征结果

4.4.3 PEDOT 薄膜稳定性表征

有机电化学晶体管(OECT)是指以导电聚合物作为半导体层，以液体作为栅介质层的一类晶体管。OECT 中的离子可完全渗透聚合物的疏松结构，所以具有工作电压低、跨导大等特点[96]。借此优点，基于 OECT 的生物传感器有望广泛应用于即时诊断、可穿戴设备等领域。目前，研究者已经实现了生化物质，如：脱氧核糖核酸(DNA)[97]、葡萄糖、乳酸盐[98]的高灵敏度检测。器官芯片可弥补动物模型不足，提供新药研发中药物的人体特异性反应体外模型。如研究者构建了集成在器官芯片内的 OECT 传感系统，用以实现细胞分化多参数在线监测[99]。

基于 PEDOT：PSS 的 OECT 工作在耗尽模式下，其工作原理为[100]：当不施加栅极电压(V_g)时，空穴在通道中流动，器件处于开状态。一旦施加正的 V_g，电解液中的阳离子被注入通道，阴离子得到补偿(见图 4-37(b))。通道中的空穴数量减少，沟道去掺杂，导致源极-漏极电流(I_{ds})下降，器件处于关状态。当施加负的 V_g时，正电荷被抽取出通道。相应地，空穴积累，器件处于开状态(见图 4-37(b))。

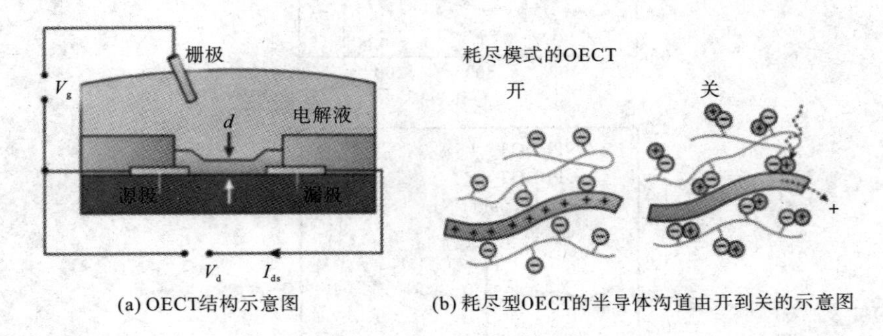

(a) OECT结构示意图　　(b) 耗尽型OECT的半导体沟道由开到关的示意图

图 4-37　OECT 工作原理

根据 Bernards 和 Malliaras 提出的 OECT 模型[101]，OECT 可看作离子回路、电子回路的组合。电子回路模型是基于修正的欧姆定律建立的，其控制方

程为

$$J(x)=e\cdot\mu\cdot p(x)\frac{\mathrm{d}V(x)}{\mathrm{d}x} \tag{4-35}$$

其中，$J(x)$是 x 处电流密度，e 是元电荷量，μ 是空穴迁移率，$p(x)$是空穴密度，$\mathrm{d}V(x)/\mathrm{d}x$ 表示 x 处的电场强度。

离子回路由电阻和电容的串联组成。其中，电阻描述了电解液的电导率，是离子强度的量度；电容在有机半导体膜/电解质界面以及栅极/电解质界面起极化作用。综合考虑离子回路与电子回路，可以分别获得 OECT 在线性区与饱和区的电压-电流($I-V$)特性关系：

$$I_{\mathrm{ds}}=\mu\cdot C^{*}\ \frac{WD}{L}\left[1-\frac{V_{\mathrm{g}}-\frac{1}{2}V_{\mathrm{d}}}{V_{\mathrm{T}}}\right]\cdot V_{\mathrm{d}}\quad (V_{\mathrm{g}}>V_{\mathrm{g}}-V_{\mathrm{T}}) \tag{4-36}$$

$$I_{\mathrm{ds}}=-\mu\cdot C^{*}\ \frac{W\mathrm{d}}{L}\frac{[V_{\mathrm{g}}-V_{\mathrm{T}}]^{2}}{2V_{\mathrm{T}}}\quad (V_{\mathrm{d}}<V_{\mathrm{g}}-V_{\mathrm{T}}) \tag{4-37}$$

其中，W、L、D 分别为有机半导体沟道层的宽度、长度和厚度；μ 为空穴迁移率；C^{*} 为有机半导体层的体积电容，单位为 $\mathrm{F/cm^3}$；I_{ds}为源极-漏极电流；V_{g}与V_{d}分别表示栅极、漏极电压，源极接地；V_{T}为 OECT 器件的阈值电压。根据上述公式，固定V_{g}，绘制I_{ds}与V_{d}的关系曲线，即 OECT 的输出曲线；固定V_{d}，绘制I_{ds}与V_{g}的关系曲线，亦即 OECT 的输出曲线。

进一步，通过电学方法表征基于 PEDOT 膜的 OECT 的水溶液稳定性。实验中，选用浓度为 0.1 M 的 NaCl 溶液作为栅介质；Ag/AgCl 电极作为 OECT 的栅极且浸入 NaCl 溶液中，并置于半导体沟道层上方。根据图4－34可知，当驱动交流电压幅值为 5.5 V_{pp}，频率为 50 Hz 时，制备得到的有机半导体膜的宽度最大，孔隙率最小。因此对使用该参数制备的 OECT 进行稳定性实验。测试每 24 h 进行一次共测试 150 h。

1) 输出曲线

将源极接地，源极和漏极之间通过双端口源表施加直流电压(－0.6 V 至＋0.6 V)，步进电压为 0.05 V；栅极电压从－0.8 V 变化到＋0.8 V，步进电压为 0.1 V；最后，得到掺杂离子液体的 PEDOT 膜的输出曲线，如图4－38所示。图 4－38(a)展示了当栅极电压 V_g 固定为－0.8 V 时，连续 7 天双向扫描的输出曲线。图 4－38(b)展示了 V_g 从－0.8 V 上升到＋0.8 V，步长为 0.1 V 时，漏极电压 V_d 从－0.6 V 扫描到＋0.6 V 获得的输出曲线。由图 4－38 可以得出，基于离子液体制备的 PEDOT 膜在长期测试中具有稳定的输出特性，而且输出曲线的电迟滞也比较小。仅当使用较大的 V_d 时，源极-漏极电流 I_{ds} 中的电流偏差才会增加。从图 4－38(b)所示输出曲线中可以清晰地观察到在正 V_g 和负 V_d 下空穴的耗尽。

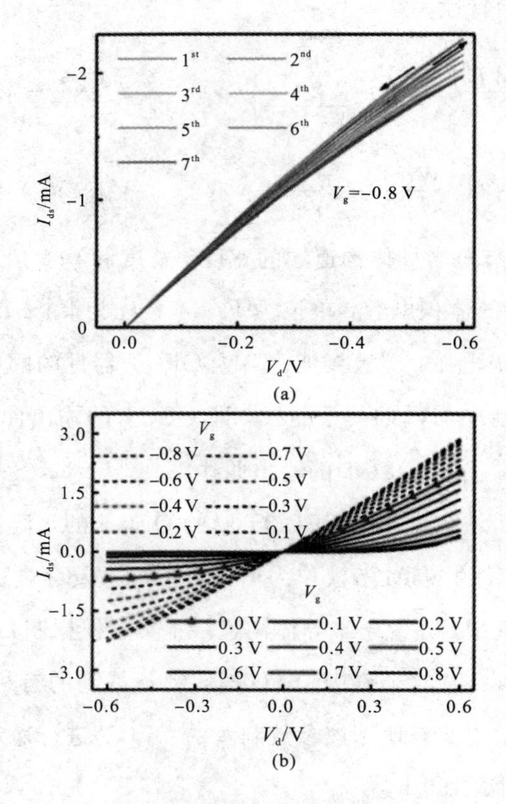

图 4－38 输出特性曲线

2）转移曲线

测试转移曲线的接线方式与测试输出曲线的相同。图4－39(a)显示了 V_d

固定为－0.6 V 时，连续 7 天的双向转移曲线。图 4－39(b)显示了第 6 天测试结果，即将 V_d 固定为－0.6 V，V_g 从－0.8 V 扫描到＋0.8 V，步进电压为 0.1 V时获得的转移曲线与跨导($|g_m|$)曲线。从图 4－39(a)中可以观察到 OECT 器件转移曲线具有较大的迟滞，这是由复杂的掺杂和去掺杂过程所引起的。此外，电迟滞在整个测试周期内都表现出良好的可重复性。由图 4－39(b)可发现 OECT 在耗尽模式下运行，当正向扫描中 V_g 为－0.15 V时，获得的最大跨导($g_{m,max}$)接近 2.57 mS，而当负向扫描中 V_g 为－0.25 V 时，获得的 $g_{m,max}$ 可达 2.64 mS。

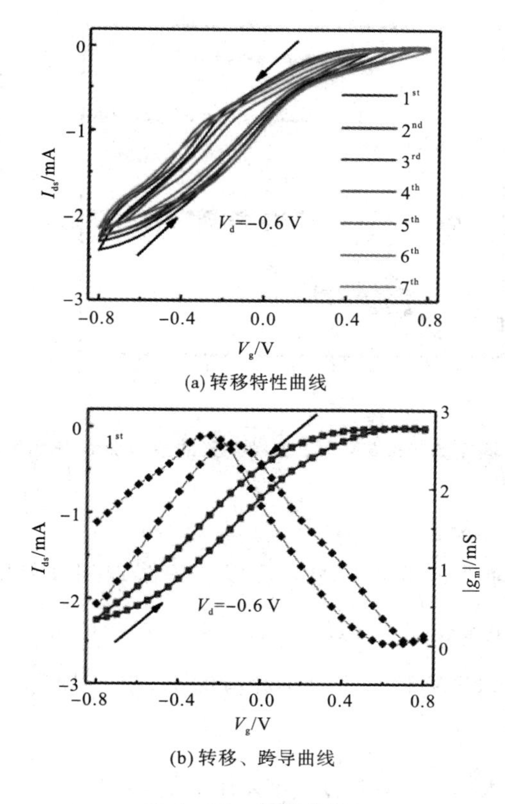

(a) 转移特性曲线

(b) 转移、跨导曲线

图 4－39　转移曲线

3) 瞬态曲线

在源极与地之间连接一个阻值为 1 MΩ 的电阻，并且固定漏极电压为

−0.6 V。栅极电压为一个方波信号(幅值为 1.2 V),测量 I_{ds},从而可以得到掺杂离子液体 PEDOT 膜的瞬态曲线,如图 4-40 所示。瞬态曲线在整个测试周期内都表现出良好的可重复性。另外,根据曲线还能够计算得出器件由开到关的关响应时间(τ_{off})和由关到开的开响应时间(τ_{on})的均值,分别为(218.6±11.1) ms 和(205.1±20.0) ms。该响应时间不仅小于旋涂[102]和喷墨打印[103]设备,相比于交流电沉积获得的 PEDOT:PSS 膜也较小[75]。另外,图中尖峰状的瞬态响应可能由电解液与未绝缘的源极和漏极之间的寄生电容所引起。

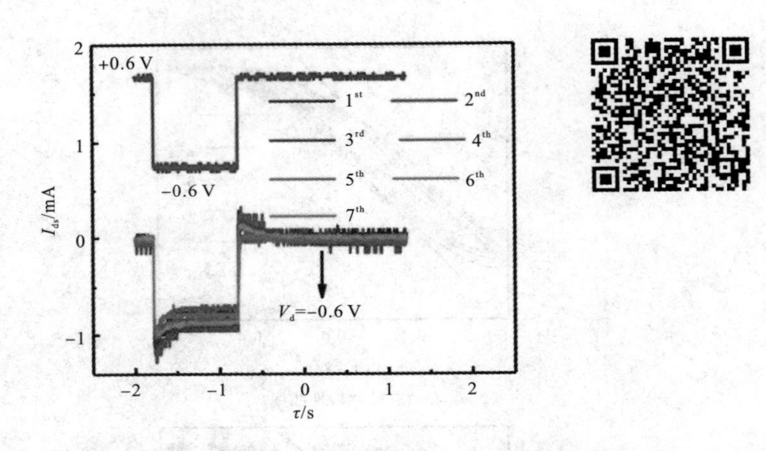

图 4-40 漏极电压固定为−0.6 V 时,连续 7 天的瞬态曲线(τ 为响应时间)

4) 阈值电压

通过拟合 $\sqrt{I_{ds}}$-V_g 曲线的线性区域,可以进一步获得正、反向阈值电压 V_T,继而求得转移特性曲线电迟滞(H_y),如图 4-41 所示。以第 1 天为例,其正向和反向 V_T 分别为 0.65 V 和 0.53 V,相应的 H_y 为 0.12 V。

5) 其他稳定性参数

连续 7 天测试的最大跨导($g_{m,max}$)、开关比($I_{on/off}$)、V_T、H_y、由开到关的关响应时间 τ_{off} 和由关到开的开响应时间 τ_{on} 的归一化结果如图 4-42 所示(具体参数见表 4-4)。其中,最大跨导的均值为(2.79±0.12) mS,开关比的均值为 504.3±72.7,阈值电压均值为(0.75±0.05) V,电迟滞为(0.12±0.01) V,开

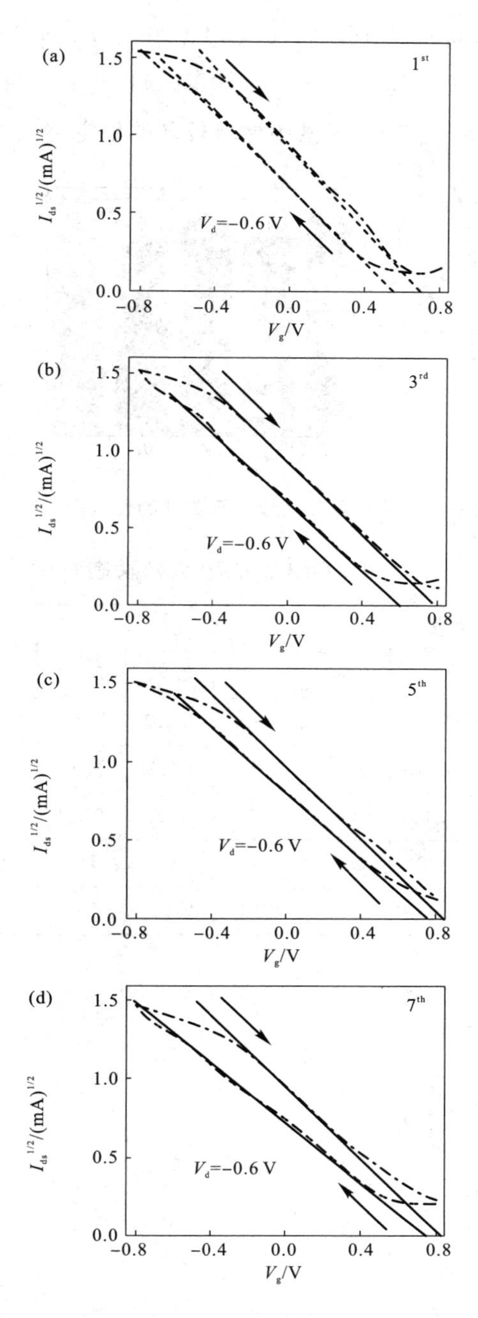

图 4-41　连续 7 天的正向和反向阈值电压

响应时间和关响应时间的均值分别为(205.1±20.0) ms 和(218.6±11.1) ms。这些数据表明，使用离子液体(IL)作为单体 EDOT 电聚合的溶剂而制备得到的有机半导体薄膜能够在水溶液测试中保持较高的稳定性。

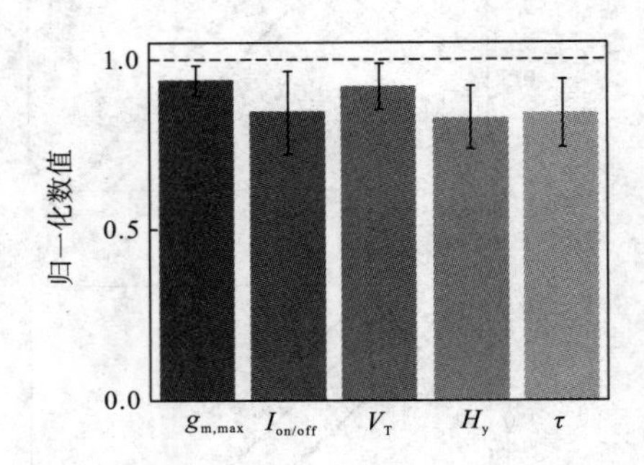

图 4-42 单个器件连续 7 天测试的性能归一化结果

表 4-4 OECT 的稳态和瞬态特性

	1st	2nd	3rd	4th	5th	6th	7th	均值
$g_{m,max}$/mS	2.57	2.76	2.80	2.76	2.81	2.88	2.97	2.79±0.12
$I_{on/off}$	575.0	497.9	477.8	544.8	395.5	442.1	597.3	504.3±72.7
V_T/V	0.67	0.70	0.76	0.78	0.82	0.75	0.81	0.75±0.05
H_y/V	0.12	0.13	0.15	0.12	0.11	0.13	0.11	0.12±0.01
τ_{on}/ms	214	232	228	186	202	182	192	205.1±20.0
τ_{off}/ms	226	205	232	219	210	230	208	218.6±11.1

第 5 章　微纳器件的应用

5.1 引　言

本书的第 3、4 章分别介绍了金纳米材料及有机半导体材料的交流电沉积，本章将进一步介绍这些材料与结构在微纳传感器中的应用。

5.2 表面增强拉曼散射基底

拉曼散射技术用于检测具有许多优点。首先，该技术对于样品的材料属性没有任何特殊要求，几乎所有的气、液、固体都可以通过拉曼光谱进行检测。其次，拉曼光谱技术非常适于研究微量和痕量样品，结合显微技术，还可获得微米级光斑。另外，拉曼散射技术采用光子探针，属于无损伤探测，适用于对环境条件要求苛刻的生物样品或珍贵样品的分析。再者，拉曼光谱技术可以很容易地测量含水的样品，非常适合依赖液体环境的生物化学分子的测量。拉曼光谱最大的缺点是，散射信号强度弱、散射截面小、灵敏度低。

早在 1923 至 1927 年间，研究者根据量子力学相关理论预言了拉曼散射的存在。随后，拉曼光谱得名于印度物理学家拉曼[104]，他在实验中首次观察到散射光中包含与入射光相同及不同频率的成分。研究拉曼光谱可以获得很多关于被测物质的结构信息。之后十余年间，拉曼光谱得到了快速发展。但是由于其信号强度弱，逐渐被红外光谱所取代。20 世纪 60 年代，得益于激光器的发展，拉曼光谱得到了第二次快速发展。将激光用作拉曼光谱的激发光源，大大提高了光源的能量，为研究表面增强拉曼提供了基础。

1974 年，Fleischmann 等人[105] 在研究吸附在粗糙 Ag 电极上的吡啶分子的拉曼光谱时，发现拉曼散射光谱强度有异常增强现象。通过计算证实，这种增强现象不是由于表面积比增大而吸附了更多数量的吡啶分子造成的。后来，研究者们把这种物质与金属之间通过表面吸附作用而引起拉曼散射强度增强的现象称为表面增强拉曼散射(SERS)。目前，对于 SERS 机理的理论模型可以分为两大类：物理增强和化学增强。

物理增强理论认为 SERS 源于金属表面局域电场的增强。其中，表面等离子体共振模型[106-108] 在理论和实验上应用广泛。当粗糙的金属表面受到光照时，等离子体被激发到高能级，随之与光波电场耦合发生共振，使金属表面的电场增强，产生增强的拉曼散射。1984 年，Watcher[109-110] 等提出了天线共振子 SERS 增强理论。这种理论认为，粗糙金属表面或凸起可以看作是天线振子。当入射光满足共振条件时，凸起表面的局域电场增强，从而使拉曼散射谱强度大大增强。表面镜像场模型[111] 认为表面分子在入射电场的作用下产生偶极子。这个偶极子进一步还会使金属产生一个镜像偶极子。这一对偶极子相互激励，使作用于吸附分子上的电场大大增强。

增强因子 Γ 为

$$\Gamma = G\left|1-\frac{\gamma\alpha_0}{4L_1^2}\right|^{-4} \tag{5-1}$$

其中，$\gamma=\frac{(\varepsilon_M-\varepsilon_A)}{[(G_M+G_A)\varepsilon_A]}$，$\varepsilon_M$ 是金属的介电常数，ε_A 是吸附分子的介电常数，α_0 是分子正常拉曼散射的极化率，L_1 是分子到金属表面的距离，G 是几何因子。当金属表面平坦时，$G=10$。

化学增强理论包括活性模型和电荷转移模型。活性模型认为，在 SERS 活性金属表面上存在着这样一些活性位置。在这些位置，金属原子形成金属原子簇，构成一种原子尺度的微观粗糙度。吸附在这些位置上的分子会产生较强的 SERS 效应，这些位置被认为是 SERS“活位”[112]。相比之下，电荷转移模型被更多研究人员接受[113-114]。金属表面原子或原子簇与吸附分子之间存在某种特殊的化学作用。在入射光的激发下，电子将会由金属的某一填充能级转移到吸附分子的某一激发态分子轨道，或者由吸附分子的某一已占据分子轨道向金属的某个未占据能级转移。如果当入射光子的能量与电子在金属衬底和吸附分子间的能量差相等时，将会产生共振，从而使拉曼信号增强。至今为止，SERS 产生的机制还没有真正确定，也没有一个完善的理论可以解释所有 SERS 的实验特征。

目前为止，银是增强系数最高的金属。但是这种金属在空气中非常容易被氧化。金的化学惰性较强，但是增强系数较低。Gutés[115] 等制备了银纳米枝晶，然后使用伽伐尼置换法在枝晶表面包裹了一层单分子厚金膜，该结构表现出了优异的物理稳定性，其 SERS 活性一年后仍然没有退化。Huang 等[53] 使用置换反应制备了金-银双金属纳米枝晶，该结构对 4 -硝基苯酚具有优异的催化增强效果。基于这个研究思路，笔者制备了 Au - Ag 双金属的枝晶 SERS 基底。其制备方法可以参看第 3 章。具体地，通过交流电压频率以及电解液成分浓度调控，实现了双金属纳米枝晶的形貌与成分控制。为进一步确认枝晶结构的共振吸收峰，以确定实验所用的激光光源，我们对双金属枝晶 SERS 基底进行了紫外-可见-近红外(UV - Vis - NIR)吸收光谱实验，如图 5 - 1(a)所示。吸收谱 1 是在图3 - 20(a)所示枝晶上获得的，吸收谱 2 是在图 3 - 20(b)所示枝晶上获得的。吸收谱 1 与 2 均有两个吸收峰：468 nm 和568 nm分别对应了双金属纳米结构中的银元素和金元素。所以选用 532 nm 的激光光源能够获得更好的 SERS 信号。图 5 - 1(b)示出了分别采用 532 nm、633 nm 光源时，金枝晶 SERS 基底(插图)上四巯基吡啶(4 - MPy)分子的拉曼光谱。拉曼光谱可以验证 UV - Vis - NIR 吸收光谱结果。

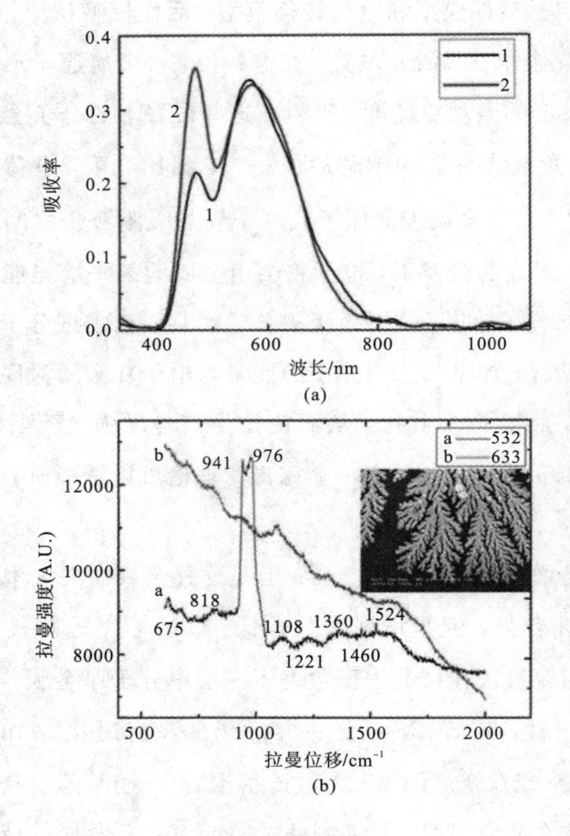

图 5-1 拉曼光谱

图 5-2 展示了使用 532 nm 激光光源时，金纳米枝晶和金-银双金属纳米枝晶的 SERS 活性对比。其中谱线 1 是图 3-20(b)所示枝晶基底上取得的拉曼光谱，谱线 2 是图 3-20(a)所示枝晶基底上的拉曼光谱，谱线 3 是毛细管内的四巯基吡啶(4-MPy)分子的拉曼光谱。实验中激光扫描时间为 60 s，扫描次数为 3 次，激光光源功率为 50 mW，4-MPy 浓度为 1 mM。

如图 5-2 可知，相比金纳米枝晶 SERS 基底，金-银双金属枝晶表现出了较为强烈的拉曼活性。对图 5-1(b)以及图 5-2 中 4-MPy 的峰位进行分析指认可知，4-MPy 本体的 1108 cm^{-1} 归属于环呼吸振动/C-S 伸缩振动模式，当 4-MPy 以硫原子与 SERS 活性基底银原子作用时，该峰移至 1096 cm^{-1}，而且强度有较大的增强。所以可以推断双金属枝晶基底上的 4－MPy 分子通过硫原子与基底结合在一起。

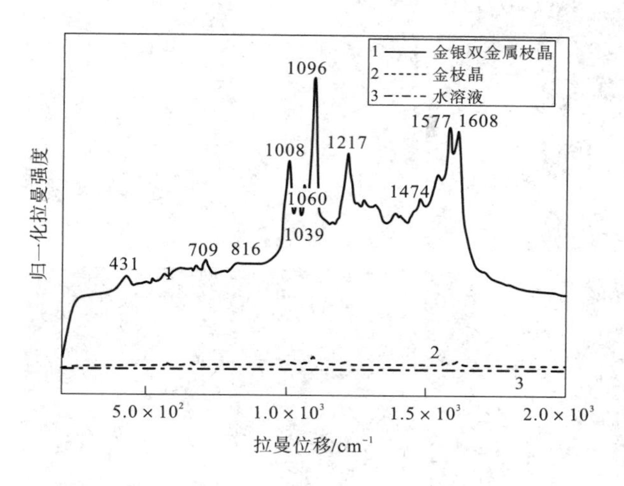

图 5－2　金-银双金属枝晶上以及水溶液中 4－MPy 分子的拉曼光谱

此外，研究小组还探索了通过一步交流电沉积形成金-罗丹明 B(Au－RhB)复合纳米材料的方法(即一步法)，以优化 RhB 的检测极限。分别配制浓度为 2×10^{-6} M、2×10^{-7} M、2×10^{-8} M、2×10^{-9} M、2×10^{-10} M、2×10^{-11} M、2×10^{-12} M、2×10^{-13} M(M 代表 mol/L)的待测 RhB 溶液。使用的 AuI_3 是第 4 章制备的饱和溶液，$AgNO_3$ 溶液的浓度为 10 mM，铂电极间距为 80 μm。

实验之前，先将硅基底在乙醇中超声清洗 5 min，然后置于空气中，直到风干。实验进行时，将 10 μL 的 RhB 和 AuI_3 混合溶液转移到电极上方，电极之间通 20 V_{pp} 的交流电。1～3 min 后断开电源，将样片置于去离子水中浸泡 10 min，去除吸附不紧密的被检测分子，最后置于空气中风干。对比实验(分步法)中，是先用相同电化学参数制备金纳米结构，再将其置于 RhB 中浸泡 1 h，最后取出置于空气中，直到风干。

图 5－3(a)显示了将 AuI_3 原液与 10^{-10} M 的 RhB 溶液按 1∶1 混合时，通过一步交流电沉积制备的复合结构，仔细观察可以发现，纳米枝晶边缘附着有 RhB 颗粒。图 5－3(b)显示的是基于分步法的对比实验。通过比较可以发现，RhB 的存在改变了金纳米结构的形貌。图 5－3(c)显示了 AuI_3 原液与 10^{-12} M

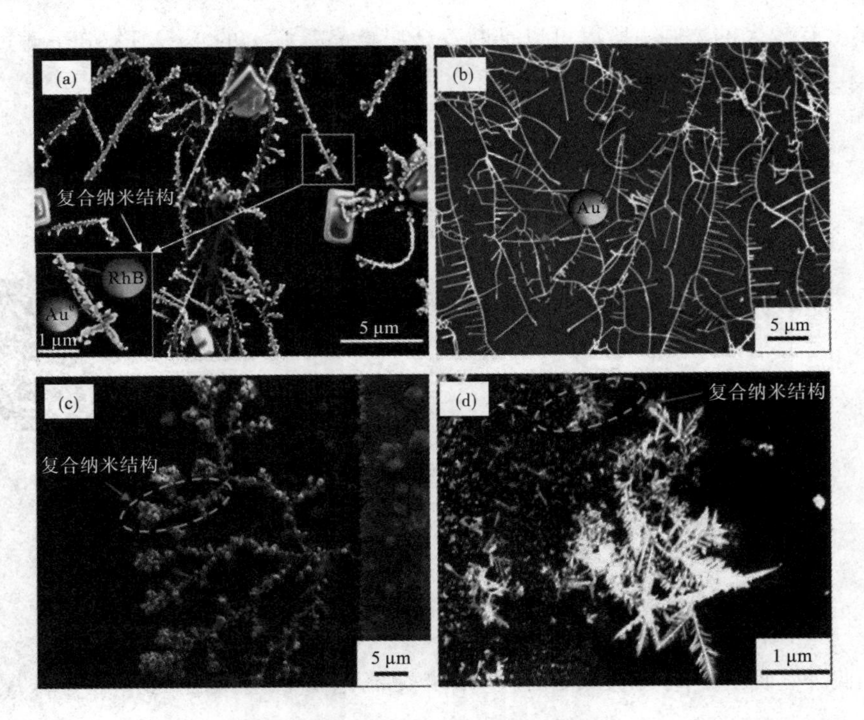

图 5-3 复合纳米结构扫描电镜图

的 RhB 溶液按 1∶1 混合时，通过交流电沉积制备的 Au-RhB 复合纳米结构。基于上述实验结果，推断一步交流电沉积法的机理可能是，RhB 作为大分子与$[AuI_4]^-$络合，形成更大的络合物。所以，Au-RhB 复合纳米结构的生长过程分为三个步骤。一是 RhB 与$[AuI_4]^-$形成络合物，该络合物在介电泳力作用下向电极表面运动。二是金离子脱去络合离子，放电还原形成金原子。三是金原子进入晶格，并成核长大。利用同样的方法还可以形成 Ag-RhB 复合纳米结构，如图 5-3(d)所示。

如图 5-4 所示，使用 10^{-9} M 和 10^{-10} M 的 RhB 与 AuI_3 电解液分别做一步交流电沉积和分步交流电沉积的实验，可以发现在同等条件下，一步交流电沉积制备的 Au-RhB 复合纳米结构的拉曼增强系数明显提高。通过分步交流电沉积制备的金纳米结构的最低检测浓度为 10^{-9} M，比较而言，通过一步交流电沉积可以检测到的 RhB 最低浓度达到 10^{-13} M，这比前者低近 4 个数量

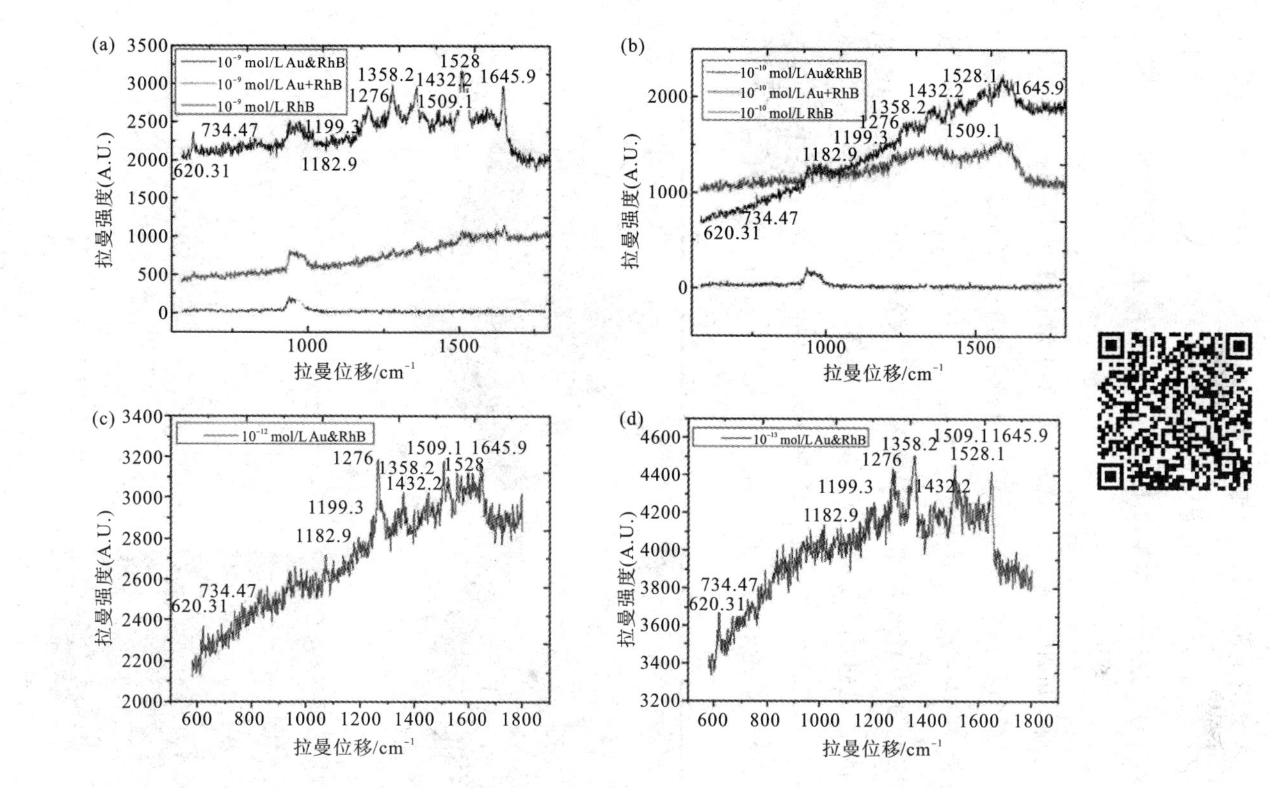

图 5-4　复合纳米结构的拉曼光谱

（a）10^{-9} M RhB 与 AuI_3 饱和溶液通过一步交流电沉积、分步交流电沉积制备的复合纳米结构的拉曼光谱；（b）10^{-9} M RhB 与 AuI_3 饱和溶液通过一步交流电沉积、分步交流电沉积制备的复合纳米结构的拉曼光谱；（c）AuI_3 饱和溶液与 10^{-12} M RhB 通过一步交流电沉积制备的复合纳米结构的拉曼光谱；（d）AuI_3 饱和溶液与 10^{-13} M RhB 通过一步交流电沉积制备的复合纳米结构的拉曼光谱级。综上所述，一步交流电沉积中，介电泳力对于 Au - RhB 络合物的收集以及富集作用，使纳米结构的形貌发生了明显变化。基于此，人们可以检测超低浓度 RhB 的拉曼信号。这一技术非常有望应用于其他生化分子的高灵敏度检测。

此外，使用交流电沉积法制备的 SERS 基底非常适于电场调控研究。图 5 - 5(a)所示为实验装置示意图。我们用四个电极中的一对制备了金纳米枝晶，并用作 SERS 基底。SERS 基底的扫描电镜图如图 5 - 5(b)所示。其制备参数包括：交流电压幅值为 20 V_{pp}，频率为 5 MHz，电解液为1 mM $AuCl_3$溶液。对该基底进行 SERS 活性测试，指针分子为 10^{-5} M RhB。在另外两个电极上施加直流电压。以硅峰为基准，随着电压的升高，拉曼信号先升高后降低(见图5 - 5(c))。

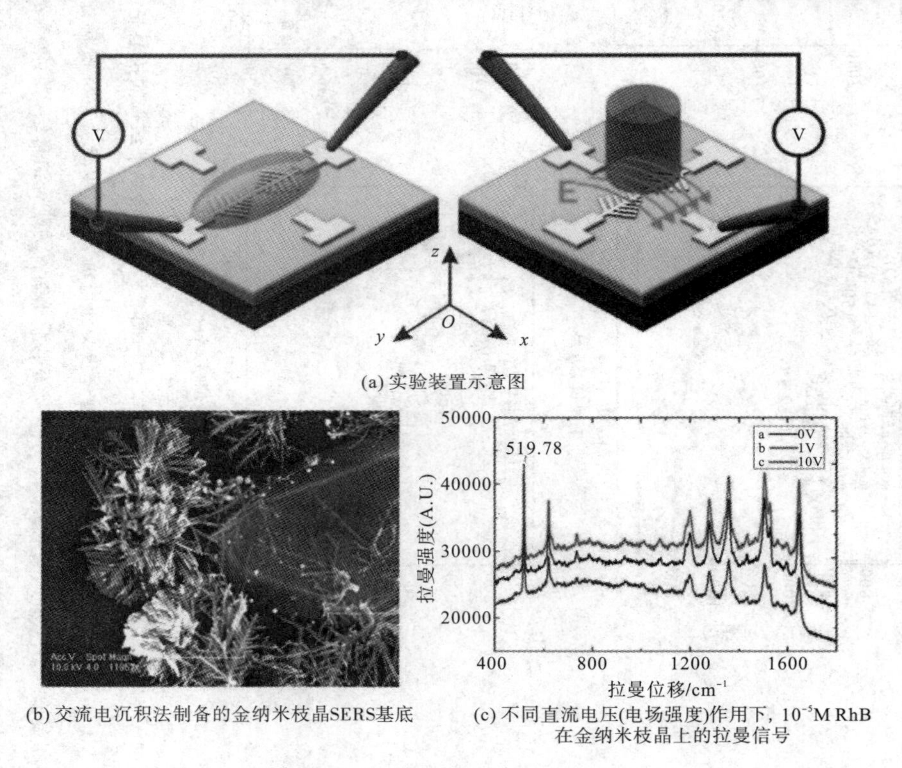

(a) 实验装置示意图

(b) 交流电沉积法制备的金纳米枝晶SERS基底

(c) 不同直流电压(电场强度)作用下，10^{-5}M RhB 在金纳米枝晶上的拉曼信号

图 5 - 5　受电场强度调制的 SERS 基底

根据化学增强原理，当施加直流电时，吸附在晶体表面的分子会被极化，在特定的电位上，峰的振动可以达到最大。

5.3 有机电化学晶体管

5.3.1 双极电极的交流电压对薄膜 OECT 性能的影响

本书第 4 章的研究表明：相比于线状、枝晶状的 OECT，薄膜 OECT 具有更好的器件性能。因此，本节将着重研究薄膜 OECT，尤其是薄膜 OECT 阵列的性能控制规律。

4.2 节介绍了基于交流双极电化学沉积法制备的 1×5 阵列的 PEDOT：PSS 薄膜，图 5－6 分别定义了 OS 沟道层的长度（L）、宽度（W）和高度（D），100 mM 的 NaCl 溶液作为栅介质层，双极电极对的其中一个电极作为源极，另一个电极作为漏极，Ag/AgCl 电极作为栅极进行测试。需要注意的是：OS 沟道层的长度是由双极电极尺寸设计决定，始终为 10 μm，但宽度和高度是通过驱动电压频率进行调控的。

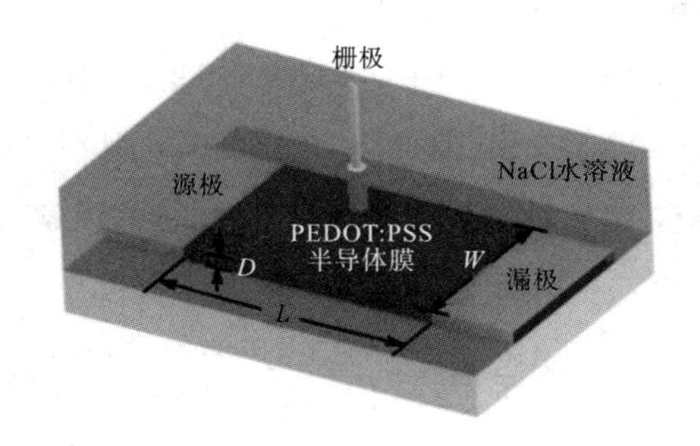

图 5－6　OECT 结构示意图

为了获得输出曲线和转移曲线，源极接地，使用双端口源表给源极和漏极之间施加－0.6～0.6 V的直流电压，步进电压为0.05 V，栅极电压从－0.6 V变化到0.6 V，步进电压为0.1 V，测量OECT的源极-漏极电流，测量接线图如图5－7(a)所示。测量响应时间时，在源极与电源地之间连接一个阻值为1 MΩ的电阻，固定源极和漏极之间的电压为－0.6 V，栅极电压为－0.6 V，测量源极-漏极电流，接线示意图如图5－7(b)所示。

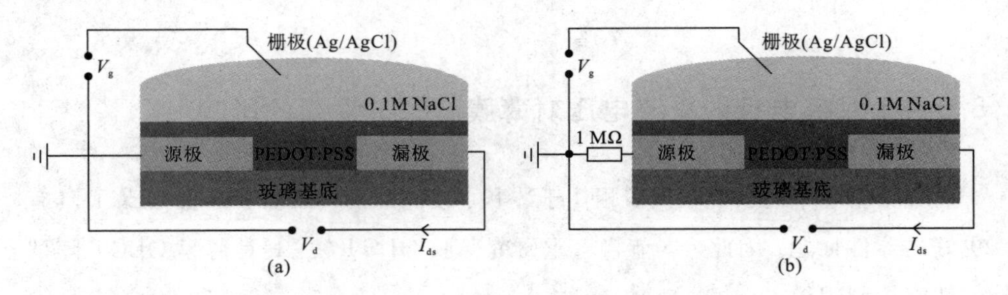

图5－7　OECT测试所用接线示意图

如图4－18与图4－19所示，我们通过双极电化学沉积法一次制备了1×5阵列的PEDOT：PSS薄膜，当交流电压幅值为16 V_{pp}，频率为50 Hz，直流偏置电压为0 V时，制备得到的PEDOT：PSS膜的宽度和高度最大。对所制备的OECT进行性能测试，结果如图5－8所示，5个器件具有较好的均一性。其中，图5－8(a)～(e)所示是5个器件的输出曲线，图5－8(f)所示是5个器件的转移曲线。当栅极电压为0 V时，源极-漏极电流不为零，说明OECT是P型并且工作在耗尽模式。其工作原理为

$$\mathrm{PEDOT^+ : PSS^- + Na^+ + e^- \Longleftrightarrow PEDOT^0 + Na^+ : PSS^-} \tag{5-2}$$

其中，e^-是来自源极的电子，$PEDOT^+$、$PEDOT^0$分别是PEDOT的氧化态和还原态。对于该反应，施加在有机半导体(OS)沟道和电解液界面上的电位可用Nernst方程表示：

$$E_{\mathrm{Nernst}} = E^0 + \frac{RT}{F}\ln\frac{[\mathrm{PEDOT^0}][\mathrm{Na^+PSS^-}]}{[\mathrm{PEDOT^+ : PSS^-}][\mathrm{Na^+}]} \tag{5-3}$$

其中，E^0为常数，R是气体常数，T是温度，F是法拉第常数。$[\mathrm{PEDOT^0}]$、$[\mathrm{Na^+PSS^-}]$、$[\mathrm{PEDOT^+ : PSS^-}]$、$[\mathrm{Na^+}]$分别是对应物质的浓度。

当施加正的栅极电压时，栅介质层(NaCl溶液)中的阳离子在电场的作用下被注入OS沟道层中，导致OS沟道内的空穴减少，沟道的导电性降低。当OS沟道中的空穴完全消耗，沟道处于去掺杂状态，OECT器件关闭。反之，当施加负的栅极电压，在相反电场的作用下，阳离子被抽离OS沟道，导致沟道内的空穴增

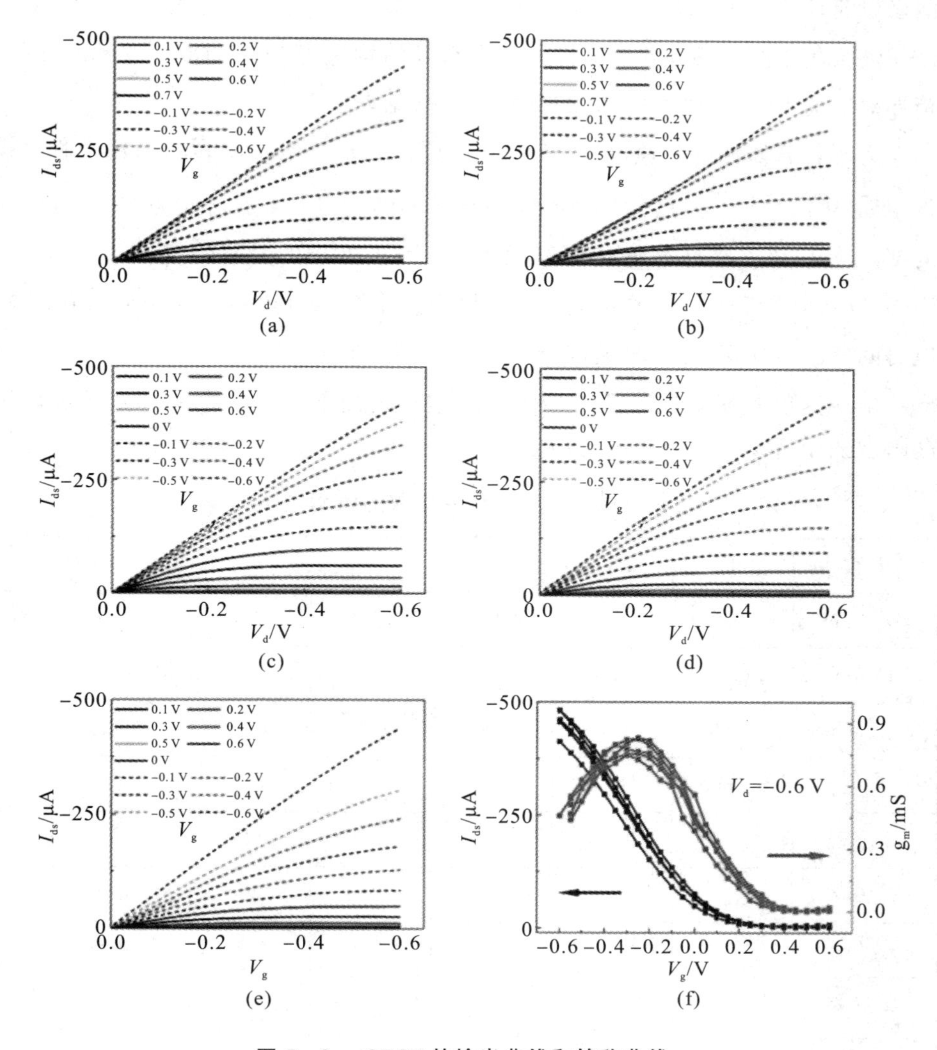

图 5-8　OECT的输出曲线和转移曲线

加，沟道导电性增加，沟道处于掺杂状态，OECT 器件趋向开状态。如图5-8(f)黑色曲线所示，当栅极电压为−0.6 V时，5个器件的源极-漏极电流的均值为(450±25) μA，器件处于开状态；当栅极电压为0.6 V时，5个器件的源极-漏极电流的均值为3.4 μA，器件近似处于关状态。此处，开关比($I_{on/off}$)可以使用栅极电压为−0.6 V时的源极-漏极电流除以栅极电压为0.6 V的源极-漏极电流计算，得到的5个器件的 $I_{on/off}$ 均值为170±8(见表5-1)。如图5-8(f)红色曲线所示，5个器件的最大跨导的均值为(0.79±0.04) mS，最大跨导对应的 V_g 的均值为(−0.26±0.02) V(见表5-1)。

为了计算器件的阈值电压(V_T)，使用图5-8(f)所示的转移曲线数据，获得 $\sqrt{I_{ds}}$ 与 V_g 曲线，然后找到曲线斜率与横轴的交点，交点对应的 V_g 即为器件的 V_T。使用该方法计算得到的 V_T 的均值为(0.30±0.02) V(见表5-1)。图5-9(f)显示了5个器件的响应时间，根据图中数据可得器件由关到开的开响应时间(τ_{on})和由开到关的关响应时间(τ_{off})分别为(70±6) ms和(214±10) ms。响应速度与喷墨打印设备[103]相当，但远远慢于旋涂设备[102]，这种尖峰状的瞬态响应可能是由寄生电容引起的。

表5-1 器件参数的统计

参数	1	2	3	4	5	均值
W /μm	10.8	10.2	11.2	10.6	11.6	10.9±0.5
D/μm	6.9	6.5	7.3	6.2	7.5	6.9±0.5
$g_{m,max}$/mS	0.80	0.75	0.83	0.76	0.83	0.79±0.04
$I_{on/off}$	171	162	172	165	182	170±8
V_T/V	0.3	0.26	0.3	0.32	0.31	0.30±0.02
τ_{on}/ms	67	65	79	65	75	70±6
τ_{off}/ms	215	200	220	209	225	214±10
$g_{m,max}$对应的 V_g/V	−0.3	−0.25	−0.25	−0.25	−0.25	−0.26±0.02

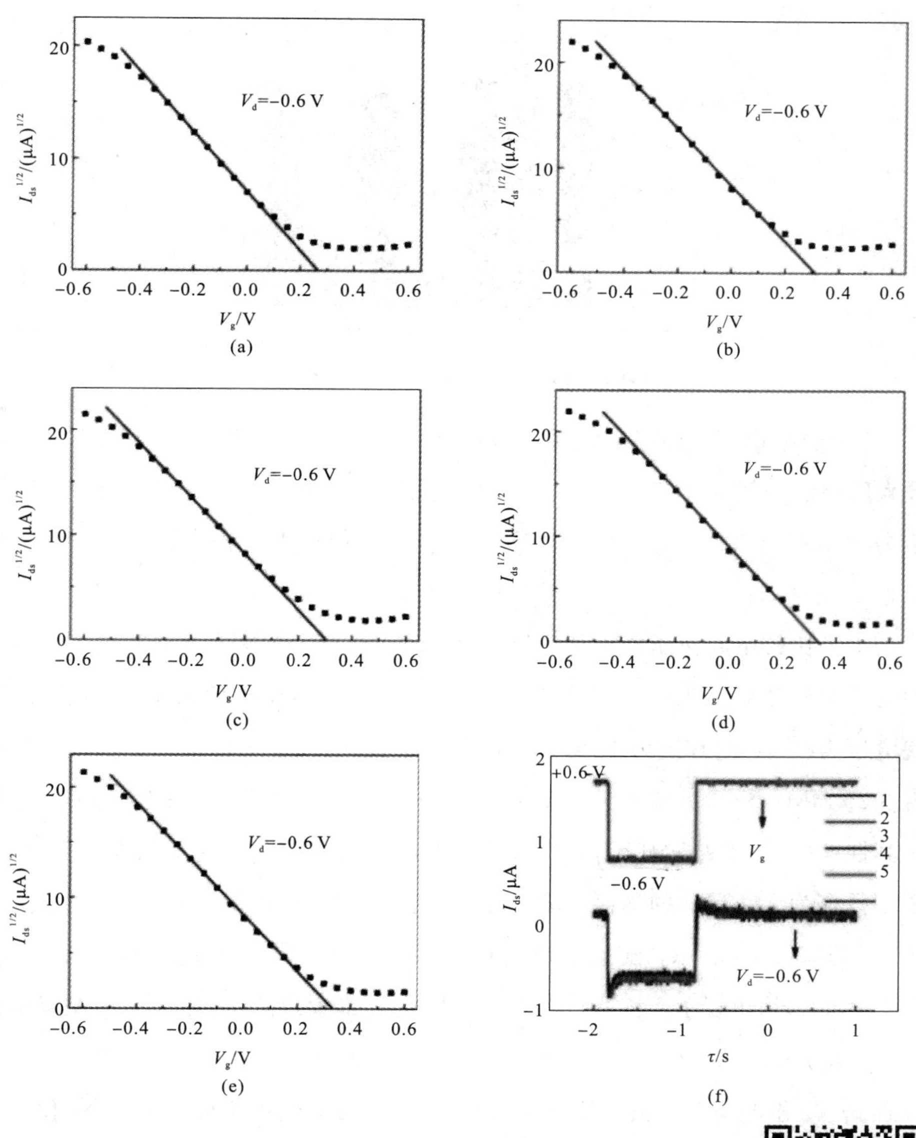

图 5-9 阈值电压和响应时间

5 个器件的宽度(W)、高度(D)、最大跨导($g_{m,max}$)、开关比($I_{on/off}$)、阈值电压(V_T)，响应时间(τ_{on}、τ_{off})归一化值如图 5-10 所示，具体值如表 5-1 所示。

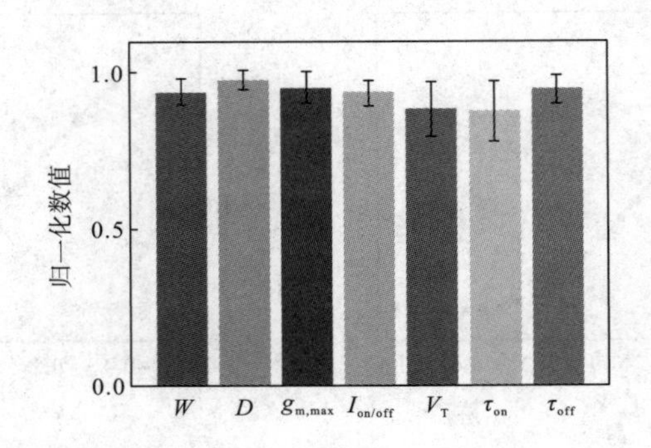

图 5-10 5 个器件的性能归一化图

5 个器件 OS 沟道的宽度均值为(10.9±0.5) μm，高度均值为(6.9±0.5)μm。最大跨导的均值为(0.79±0.04) mS，开关比的均值为(170±8)，阈值电压均值为(0.30±0.02) V，开响应时间和关响应时间的均值分别为(70±6) ms 和(214±10) ms。

为了比较不同交流电压频率制备得到的 OECT 性能之间的差异，分别使用交流电压频率为 50 Hz、400 Hz、600 Hz、1000 Hz，幅值为 16 V_{pp}，直流偏置电压为 0 V，电解液为 EDOT 单体和 NaPSS 的混合水溶液(其中 EDOT 浓度为20 mM，NaPSS 浓度为 0.1 mM)制备 PEDOT：PSS 膜，制成 OECT 并测试其性能(OECT 结构如图 5-6 所示)。OECT 性能测试结果如图 5-11 所示，图中数据为 5 个器件的均值，误差值为 5 个器件的标准误差。

如图 5-11 所示，随着交流电压频率的升高，器件的 I_{ds}、$g_{m,max}$、$I_{on/off}$、V_T、τ_{on}、τ_{off}均出现了不同程度的减小。其中 I_{ds}最大值的均值从 450 μA 减小到 160 μA，$g_{m,max}$的均值从 0.8 mS 减小到 0.15 mS，$I_{on/off}$的均值从 164 减小到 64，并且 $g_{m,max}$和 $I_{on/off}$与交流电压频率近似呈线性关系；V_T的均值变化较小，仅仅从 0.32 V 减小到 0.25 V，说明交流电压的频率对于 V_T的调控作用不是很强。

交流电压频率对于τ_{on}、τ_{off}的调控作用近似相同，τ_{on}的均值从 75 ms 减小到22 ms，τ_{off}的均值从 227 ms 减小到 126 ms。其中频率从 50 Hz 增加到400 Hz

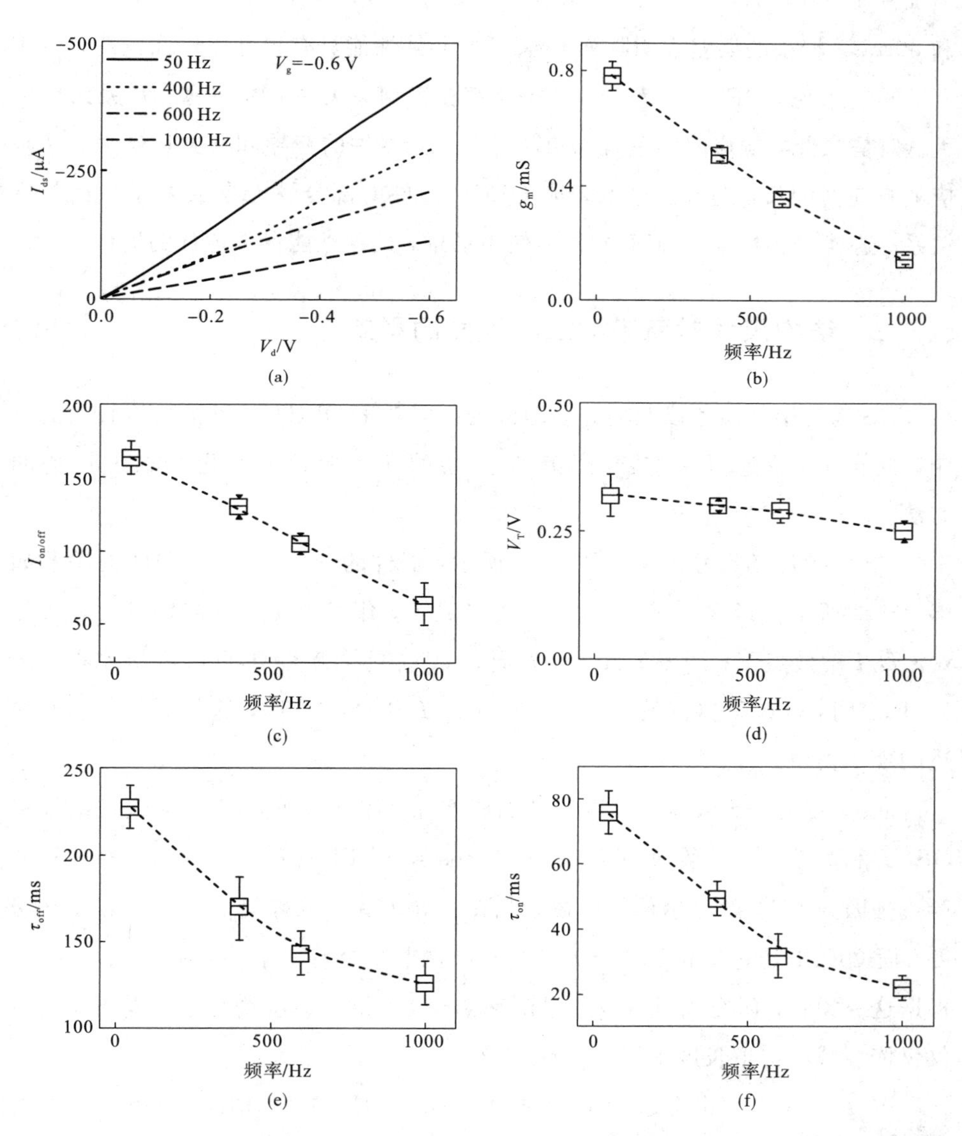

图 5-11　交流电压频率对于 OECT 性能的调控

时，τ_{on}、τ_{off}的均值下降最为明显，两者均减小了一半左右；当频率从 400 Hz 增加到 1 000 Hz 时，τ_{on}、τ_{off}的均值下降较为平缓，两者的减少量分别为 26 ms 和 50 ms。较小的误差表明阵列 OECT 的器件性能具有较好均一性。

总的来说，OECT 的跨导、开关比存在正相关关系，跨导越大开关比也越大。但是二者与响应时间呈现出负相关关系，器件的跨导和开关比越大，相对应的响应时间反而越小。这也表明 OECT 器件的部分性能参数之间存在矛盾关系，这就需要根据 OECT 的具体使用场景，选择性能参数最佳的器件。

5.3.2 结构尺寸对薄膜 OECT 性能的影响

OS 沟道层的尺寸以及栅介质溶液的浓度对于 OECT 的性能均有较大的影响，本节将讨论通过调整器件 OS 沟道层的几何形状来优化 OECT 性能的方法。

OS 沟道层的尺寸定义如图 5-6 所示，器件的 $g_{m,max}$与$W \cdot D/L$的关系如图 5-12 所示。其中，图 5-12(a)为 4 组(每组 5 个器件)器件的 $g_{m,max}$与 $W \cdot D/L$的散点图；图 5-12(b)为通过散点图绘制得到的均值误差图。图 5-12表明，OECT 器件的 $g_{m,max}$与 $W \cdot D/L$ 近似呈正比，这与文献中已经报道的规律类似。

$g_{m,max}$随着 OS 沟道层厚度的增加而增加，而不仅仅是 W/L，这一结果将 OECT 和场效应晶体管(Field Effect Transistor，FET)区分开来。这种区别的产生是因为 FET 的菲尔德效应掺杂只在半导体和绝缘体界面上调节载流子密度，而 OECT 通过电化学掺杂或者去掺杂调节整个有机半导体的载流子密度。根据这一关系，研究人员可以通过调整 OS 沟道层的厚度增加器件跨导，而不仅仅依靠减小沟道长度来增加器件跨导。

图 5-12(c)、(d)分别为 $I_{on/off}$与 $W \cdot D/L$ 的散点图、均值误差图，$I_{on/off}$与 $W \cdot D/L$ 近似呈线性关系，随着 $W \cdot D/L$ 的增加，$I_{on/off}$也逐渐增大。依据图 5-12(d)，当 5 个器件的 $W \cdot D/L$ 的均值从 2.6 μm 增加到 23 μm 时，$I_{on/off}$的均值从 125 增加到 226。

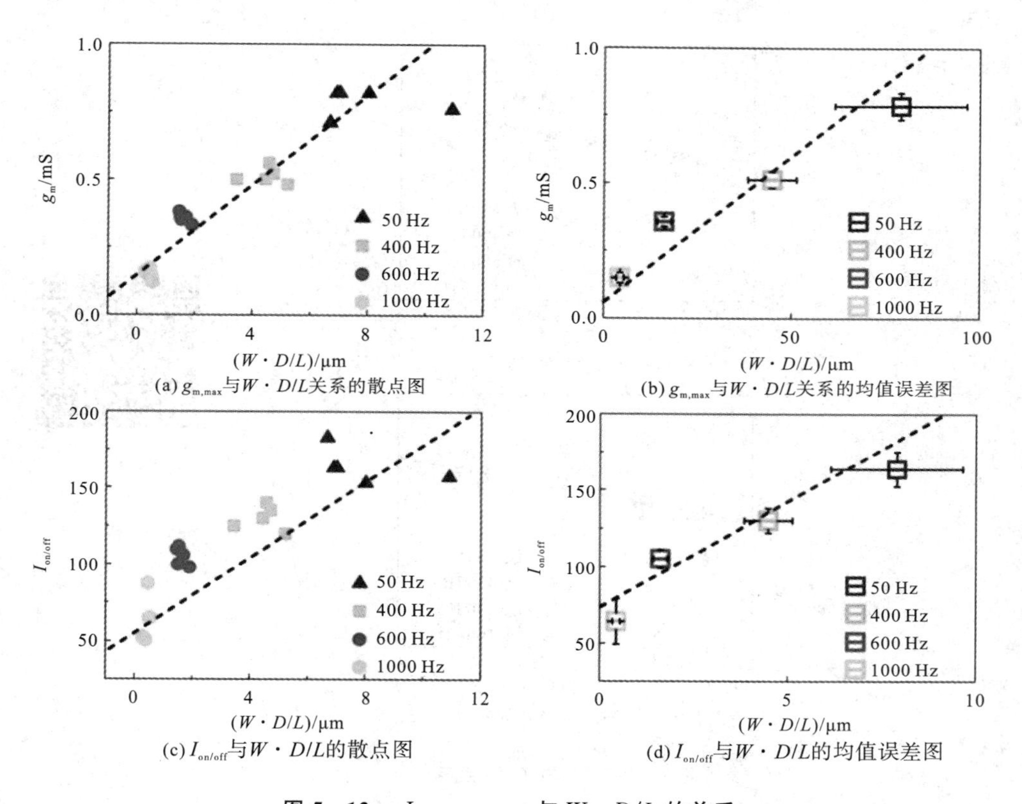

(a) $g_{m,max}$与$W \cdot D/L$关系的散点图

(b) $g_{m,max}$与$W \cdot D/L$关系的均值误差图

(c) $I_{on/off}$与$W \cdot D/L$的散点图

(d) $I_{on/off}$与$W \cdot D/L$的均值误差图

图 5-12　$I_{on/off}$、$g_{m,max}$与 $W \cdot D/L$ 的关系

根据文献报道，V_T的表达式为

$$V_T = e \cdot \rho_0 \cdot D \cdot \frac{1}{C_d} \tag{5-4}$$

其中，e 为元电荷量，ρ_0为施加栅极电压之前 OS 沟道中的初始空穴的密度，C_d为单位面积的电容。

根据式(5-4)，可绘制 V_T和 D 的关系图(见图 5-13)。其中，图 5-13(a)、(b)分别为散点图和均值误差图。如图所示，随着 D 的增加，V_T略有增加。当 D 的均值从 1.3 μm 增加到 7.0 μm 时，V_T的均值只是从 0.25 V 增加到 0.32 V，变化幅度只有 0.07 V。这可能是由于 PEDOT：PSS 薄膜的厚度变化较小，导致厚度对于 V_T的影响较小。

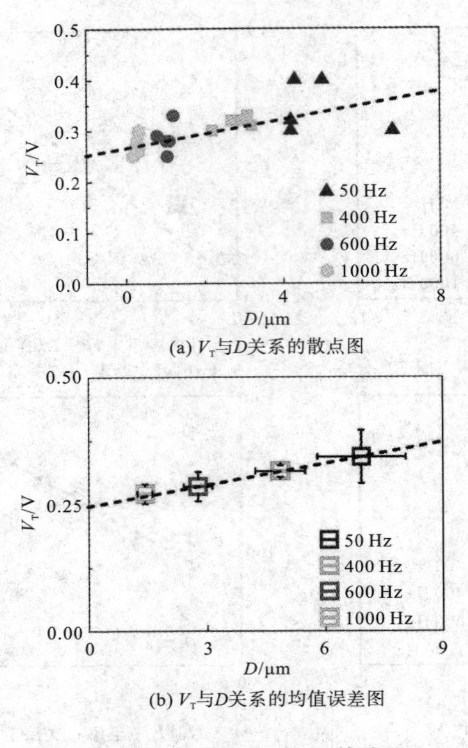

(a) V_T与D关系的散点图

(b) V_T与D关系的均值误差图

图 5-13 V_T与 D 的关系

OECT 器件的响应时间也可以通过调整器件几何形状来优化。根据Bernards模型，I_{ds}对栅极电压阶跃的时间常数可以用指数模型表示。该时间常数(τ)是栅极和离子通道之间的离子电路的 RC 时间常数，可以表示为

$$\tau = R_s \cdot C_{ch} \tag{5-5}$$

其中，R_s是栅极和 OS 沟道层之间的溶液电阻，C_{ch}是 OS 沟道层的电容。研究人员使用 EIS 来测量具有不同几何形状器件的 R_s和 C_{ch}，发现 C_{ch}与 $W \cdot D \cdot L$ 呈正比，具体为

$$C_{ch} = C^* \cdot W \cdot D \cdot L \tag{5-6}$$

式(5-6)表明，C^* 可以通过 C_{ch}和 $W \cdot D \cdot L$ 关系曲线的斜率得到。对于PEDOT：PSS，C^* 约为 40 F/cm^3；其他有机半导体的 C^* 值约从 20 F/cm^3 到 900 F/cm^{3}不等。

对于影响响应时间的第二个参数 R_s，现有理论研究认为 R_s 和 $\sqrt{W \cdot L}$ 呈正比。例如，Koutsouras[116] 等人使用 PEDOT：PSS 电极证明了这一关系。综合 C_{ch} 和 R_s 的表达式，可以得到 τ 和 $D \cdot \sqrt{W \cdot L}$ 呈正比。

基于上述理论，对测量得到的 OECT 响应时间数据与器件 $D \cdot \sqrt{W \cdot L}$ 之间的关系绘制曲线，结果如图 5－14 所示。其中，图 5－14(a)、(b)分别为器件由关到开的开响应时间(τ_{on})与 $D \cdot \sqrt{W \cdot L}$ 的散点图、均值误差图，图 5－14(c)、(d)分别为器件由开到关的关响应时间(τ_{off})与 $D \cdot \sqrt{W \cdot L}$ 的散点图、均值误差图。根据散点图和均值误差图可知，响应时间与 $D \cdot \sqrt{W \cdot L}$ 近似呈正比，与上述理论相吻合。

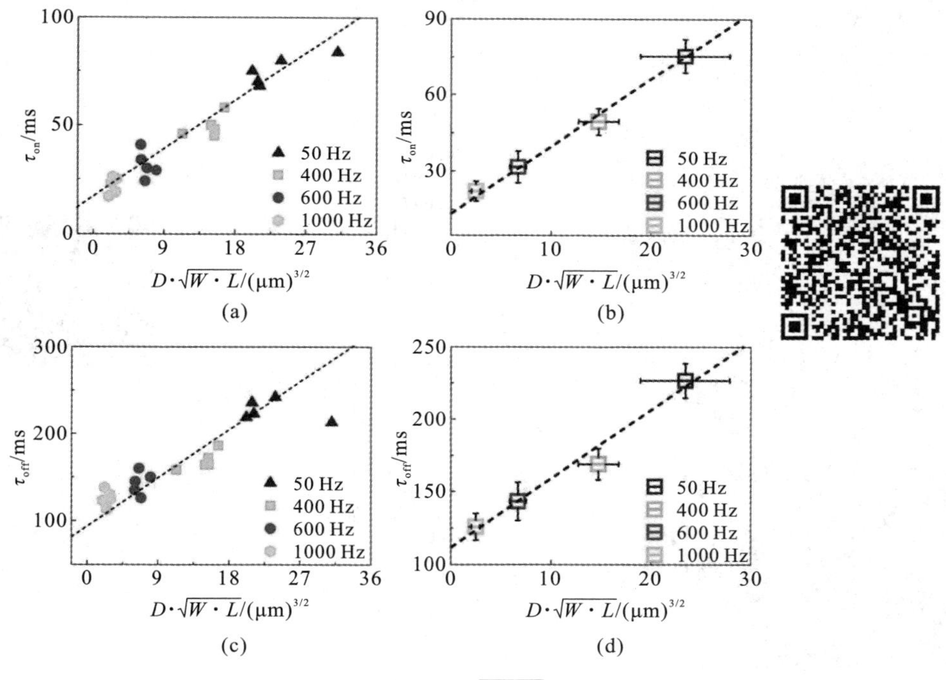

图 5－14　响应时间与 $D \cdot \sqrt{W \cdot L}$ 的关系

根据上述讨论，OECT 器件的 $g_{m,\max}$ 与 $W \cdot D/L$ 呈正比，这一关系不仅对于器件设计具有重要指导意义，而且在材料开发领域也具有举足轻重的地位。因为，$W \cdot D/L$ 的比例常数为载流子迁移率(μ)和 OS 沟道层的体电容(C^*)的乘积。$\mu \cdot C^*$ 是 OS 沟道层材料的固有属性，是半导体材料性能优劣的重要指标。$\mu \cdot C^*$ 可以使用 $g_{m,\max}$ 与 $\frac{W \cdot D}{L \cdot (V_T - V_g)}$ 曲线的斜率计算得到。绘制 $g_{m,\max}$ 与 $\frac{W \cdot D}{L \cdot (V_T - V_g)}$ 的关系曲线，结果如图 5-15 所示。其中，图 5-15(a)、(b)分别为 $g_{m,\max}$ 与 $\frac{W \cdot D}{L \cdot (V_T - V_g)}$ 的散点图、均值误差图。如图所示，$g_{m,\max}$ 与 $\frac{W \cdot D}{L \cdot (V_T - V_g)}$ 呈正比，对均值误差图进行线性拟合，拟合结果为

$$y=1.3x+1.6 \tag{5-7}$$

因此，OECT 的 $\mu \cdot C^*$ 的拟合值为(1.3 ± 0.1) $F \cdot cm^{-1} \cdot V^{-1} \cdot S^{-1}$。

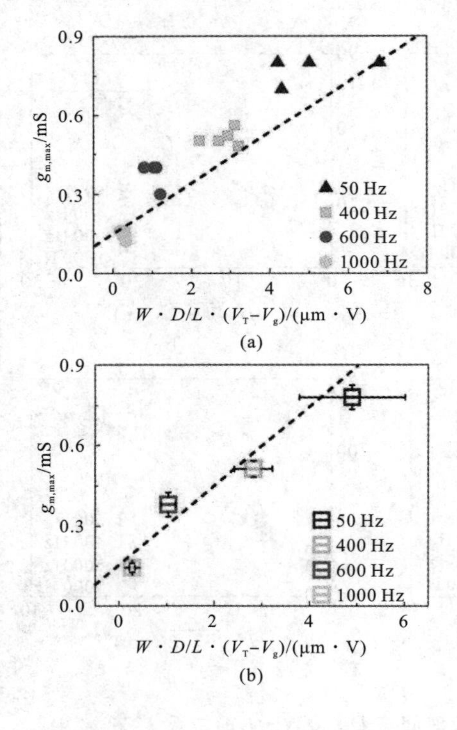

图5-15 $g_{m,\max}$ 与 $\frac{W \cdot D}{L \cdot (V_T - V_g)}$ 的关系图

根据上述讨论，OECT 器件的性能可以通过 OS 沟道层的尺寸进行调控，其中 $g_{m,\max}$、$I_{on/off}$ 均与 $W \cdot D/L$ 呈正比，V_T 与 D 呈正比，τ_{on}、τ_{off} 均与

$D \cdot \sqrt{W \cdot L}$呈正比。随着 OS 沟道层厚度的增加，$g_{m,max}$、$I_{on/off}$、V_T、τ_{on}、τ_{off}均增加，但是对于 OECT 的部分参数并不是越大越好，比如对于 V_T、τ_{on}、τ_{off}来说，其值越小，器件性能越好。因此，OECT 的部分性能之间的关系是矛盾的，在其中一个性能增加的时候，另一个也许在减小，需要根据晶体管的应用领域对于性能的要求，合理设计 OS 沟道层尺寸。

5.4 药物电控释器件

上述的微纳传感应用表明：交流电沉积法的最大特点是可以在电极之间的绝缘材料表面制备金属纳米材料或者有机半导体材料。对于这一“特征”的总结也源自于作者对于相关体系开展的研究。如本书 1.1 节所述，与交流电沉积法差别最为显著、应用最为广泛的是直流电沉积法。结合直流电沉积与 MEMS 技术的特点，作者开展了该方法在药物电控释方面的应用研究。本节将简要介绍作者在该领域的一些研究进展。

5.4.1 药物电控释芯片制备

导电聚合物聚吡咯(Polypyrrole，PPy)是一种含有单双键交替出现的共轭 π 键结构，经过化学或电化学掺杂可使其由绝缘体或半导体转变为导体。本征态的 PPy 是半导体或绝缘体，经过掺杂后变为导体，电导率高达 7.5×10^3 S/cm[117]。PPy 内药物加载主要通过掺杂和物理嵌入的方式实现。掺杂是将带电药物分子作为掺杂剂通过静电作用与聚吡咯结合。物理嵌入是针对弱电性和中性药物分子，当发生聚合反应时，这些分子通过疏水、物理截留等作用嵌入到分子链中。腺苷三磷酸(ATP)是一种带负电荷的小分子模型药物，可作为掺杂剂加载在聚吡咯中，使体系保持电中性。与此同时，ATP 还能够作为一种模板，诱导聚吡咯形成三维纳米线网状结构，提高药物的加载量和释放率[118]。

药物电控释芯片制备实验首先采用电子线路板制作工艺加工药物电控释芯片。每个阵列芯片包含5个电极对，每个电极对由大端电极和小端电极组成。大端电极面积为4 mm^2(2 mm×2 mm)，小端电极面积为1 mm^2(1 mm×1 mm)，金层厚度为1 μm。阵列芯片电极的规格和数量根据实际情况调整。

药物层电解液的配制过程包括：

(1) 吡咯(Py)提纯处理：

① 将旋转蒸发仪的每一个组件清洗干净，等待装置干燥后组装蒸馏装置；

② 取一定量的吡咯单体溶液并倒入旋转烧瓶中，随后开启冷凝水循环装置，启动真空泵，等待装置内的真空度达到要求；

③ 将水浴加热温度设定为70℃，进行水浴加热，等到蒸馏结束之后，停止加热，冷却至室温，拔掉真空橡胶管，关闭真空泵；

④ 把旋转烧瓶里面的液体换成第一次蒸馏后的吡咯单体溶液，重复上述步骤①～③，得到二次提纯后的吡咯单体溶液，随后将二次提纯后的吡咯单体溶液在－20℃温度下保存，以备后续使用。

(2) PBS磷酸盐缓冲液的配制：

① 采用电子天平称取1.125 g PBS粉末并将粉末置于容量瓶中；

② 添加超纯水定容至100 mL后，加入磁性转子；

③ 将容量瓶置于磁力搅拌器上搅拌至PBS粉末完全溶解。

(3) Py单体与ATP分子沉积液配制：

① 通过移液枪吸取136 μL提纯处理后的Py置于容量瓶中；

② 采用电子天平称取0.1102 g的ATP粉末，并将粉末放至容量瓶中；

③ 添加超纯水，定容至10 mL后，加入磁性转子；

④ 将容量瓶置于磁力搅拌器上磁力搅拌12 h，使Py和ATP能够充分溶解。

(4) 实验过程中使用的Py溶液的配制：

① 通过移液枪吸取136 μL提纯处理后的Py置于容量瓶中；

② 添加配制好的PBS缓冲液，定容至10 mL后磁力搅拌3 h，使Py充分溶解在PBS缓冲液中。

(5) 实验过程中使用的ATP溶液的配制：

① 采用电子天平称取 0.1102 g 的 ATP 粉末并将粉末放至容量瓶中；

② 添加配制好的 PBS 缓冲液，定容至10 mL后磁力搅拌 3 h，使 ATP 充分溶解在 PBS 缓冲液中。

药物层的电沉积：将阵列芯片置于由 Py 单体(0.2 mol/L)与 ATP 分子(0.02 mol/L)组成的沉积液(10 mL)中，电沉积体系以阵列芯片作为工作电极(WE)，铂丝电极作为对电极(CE)，饱和甘汞电极(Saturated calomel reference electrode，SCE)作为参比电极(RE)，并分别以 0.25 mA/cm^2、0.5 mA/cm^2、1.0 mA/cm^2 和 1.5 mA/cm^2 的电流密度进行恒电流沉积。沉积过程如图 5-16 所示，沉积时间为 120 s。随后用超纯水彻底冲洗芯片表面，去除未反应的吡咯单体以及表面物理吸附的药物，最后通过 N_2 将芯片表面吹干。

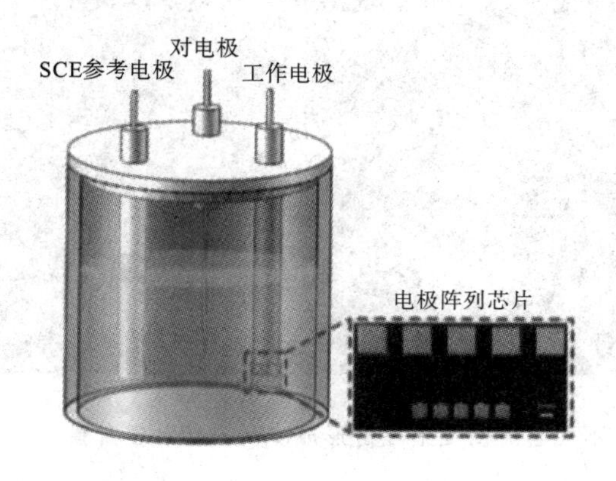

图 5-16　沉积 PPy-ATP 膜的装置示意图

5.4.2　PPy-ATP 药物层表征

我们对不同电流密度条件下获得的 PPy-ATP 膜进行 SEM 表征，结果如图 5-17 所示。图 5-17(a)显示了电流密度为 0.25 mA/cm^2 条件下聚合形成的复合膜，膜表面结构致密，且有大小不同的凸起。图 5-17(b)显示了电流密度为 0.5 mA/cm^2 条件下聚合形成的复合膜，膜表面结构疏松，分布大小不均匀的颗粒，膜表面存在不同程度的交错沟壑空隙。图 5-17(c)显示了电流密度为 1.0 mA/cm^2 条件下聚合形成的复合膜，膜表面覆盖一层相互交错的丝状物。图 5-17(d)显示了电流密度为 1.5 mA/cm^2 条件下聚合形成的复合膜，膜表面聚合一层致密的菜花状结构，在菜花状表面稀疏覆盖一些丝状物和点状物。从上述实验结果可以发现：随着电流密度的增加，电聚合所得的膜的致密性相应地增加，表面粗糙度则逐渐降低。

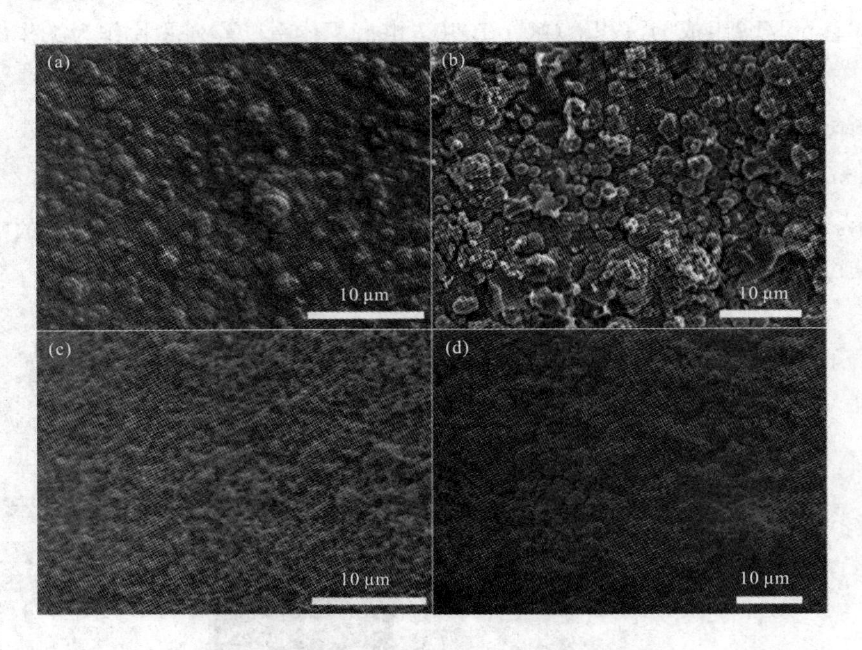

图 5-17 不同电流密度下聚合形成 PPy-ATP 复合膜形貌的 SEM 图

图 5-18(a)进一步表明 PPy-ATP 膜中主要含有 C、N、O 和 P 四种元素。对 C、N、O 和 P 四种元素的质量分数进行分析发现，随着电流密度的增加，PPy-ATP 膜中的 ATP 的掺杂程度也相应地增加，这与法拉第定律中提到的聚合过程中的总电荷量决定药物的掺杂量是一致的[119]。因此，通过控制聚合过程中的总电荷量可以控制药物的加载量。

图 5-18(b)显示了 PBS 缓冲液中 Py 单体、ATP 和 ATP+Py 溶液的紫外吸收光谱，Py 在 250 nm 处有很强的吸收峰，在 288 nm 处几乎没有吸收峰，这可能是由 $\pi \rightarrow \pi^*$ 电子跃迁产生的。ATP 在 240 nm 处有很强的吸收峰，这可能由腺苷所致。ATP 在 288 nm 处出现较强的肩峰，这可能由 ATP 的氧化引起。ATP+Py 表现出和 ATP 几乎吻合的光谱特征，即 ATP 与 Py 单体并没有

进行电子耦合。

图 5-18(c)给出了 PPy-ATP 膜的傅里叶变换红外光谱。1635.16 cm^{-1}为吡咯环上 C=C 双键的伸缩振动峰，1554.84 cm^{-1}和 1446.12 cm^{-1}分别为吡咯环中反对称和对称 C—H 的弯曲振动峰，1171.07 cm^{-1}为吡咯环的 C—H 和 N—H 变形振动峰[120-121]，3438.76 cm^{-1}为 ATP 中的 O—H、N—H 伸缩振动峰，1316.30 cm^{-1}为 ATP 中 P=O 伸缩振动峰，1040.45 cm^{-1}为 ATP 中 P—O 伸缩振动峰，896.03 cm^{-1}为 ATP 的 P—O—P 不对称伸缩振动峰，2924.37 cm^{-1}和 2852.16 cm^{-1}吸收峰为

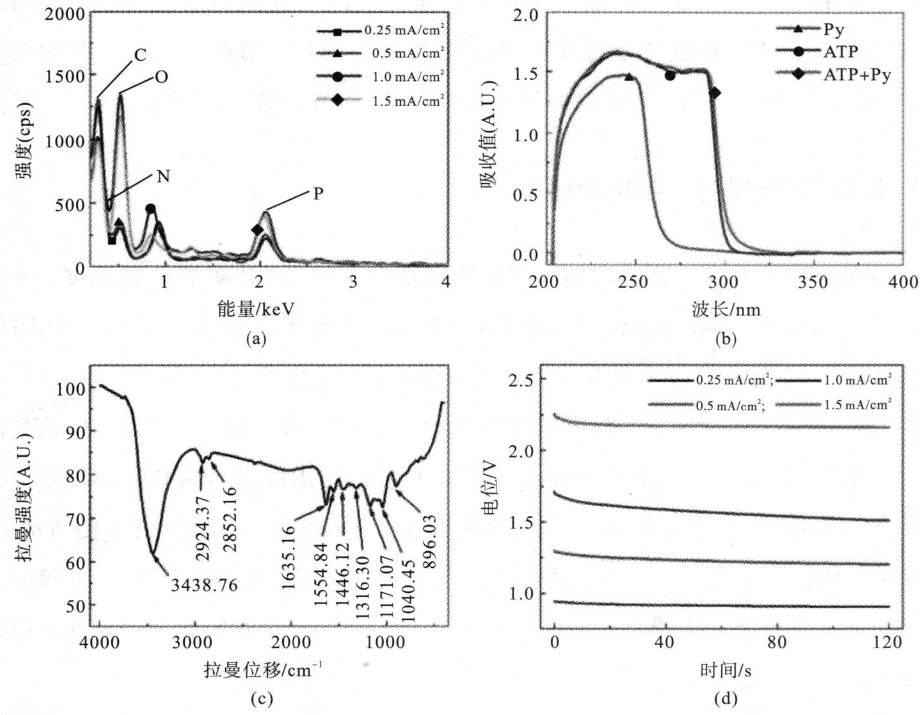

图 5-18 PPy-ATP 复合膜表征

(a) 不同电流密度下聚合形成 PPy-ATP 膜的能量色散谱(EDS)；(b) Py、ATP 和 ATP+Py 溶液的紫外吸收光谱；(c) PPy-ATP 膜的傅里叶变换红外光谱；(d) 不同电流密度条件下的电位-时间曲线

ATP 中引入—CH_2—和—CH—基团所产生的[122]。以上分析表明，ATP 与 PPy 并不是简单的物理复合，而是带有一定的界面相互作用，同时进一步验证 ATP 已掺杂到 PPy 膜中。

实验还记录了不同电流密度条件下的电位-时间曲线，如图 5-18(d)所示。从图中得出，随着电流密度的增加，初始沉积电位也会增加，但沉积电位会逐渐下降并最终趋于平稳。当电流密度为 0.25 mA/cm^2 时，初始电位为 0.94 V，稳定电位是 0.91 V；当电流密度为 0.5 mA/cm^2 时，初始电位为 1.30 V，稳定电位是 1.21 V；当电流密度为 1.0 mA/cm^2 时，初始电位为 1.71 V，稳定电位是 1.51 V；当电流密度达到 1.5 mA/cm^2 时，初始电位达到 2.26 V，稳定电压为 2.17 V，该电位远远大于聚吡咯的氧化电位。因此，在后续实验过程中，优先选择 1.0 mA/cm^2 电流密度作为药物芯片的电沉积条件。

5.4.3 药物芯片电控释研究

在药物释放实验开始之前，需要测定不同浓度 ATP 溶液的吸光度，从而得到 ATP 的标准吸收曲线。使用 UV-Vis 分光光度计对 0.01 mol/L PBS 缓冲液进行基准线以及满刻度校准。随后测量不同浓度的 ATP 溶液在 190～400 nm区间的吸收曲线，扫描速度设置为 2 nm/s。最后以不同浓度的 ATP 溶液在 258 nm 处的吸光度作为横坐标，ATP 溶液的浓度作为纵坐标，绘制 ATP 在 0.01 mol/L PBS 缓冲液中的标准吸收曲线。如图 5-19(a)所示，随着 ATP 浓度的增加，测量的吸光度逐渐增大。图 5-19(b)是拟合的 ATP 标准吸收曲线，曲线的拟合度达到 0.9995，插图是 0.2～4 μg/mL 的拟合放大结果，拟合度达到 0.995。

图 5-20 为 PPy-ATP 膜的氧化-还原反应式。以聚吡咯作为药物的载体，其药物的加载量可以通过理论计算的方法推导。由图可知，每 4 个单位的聚吡咯链可携带一个正电荷，而聚吡咯的掺杂率一般在 0.25～0.33 之间[123]，因此通常认为掺杂率 χ 为 0.27。假设在聚合过程中，电路中通过的电荷量与聚吡咯的聚合电荷量相同，即聚吡咯的电化学聚合效率为 100%，其经验计算式为

$$\frac{Q_{cycle}}{Q_{poly}}=\frac{\chi}{2+\chi} \tag{5-8}$$

(a) 不同浓度ATP的吸收曲线

(b) 拟合的ATP标准吸收曲线

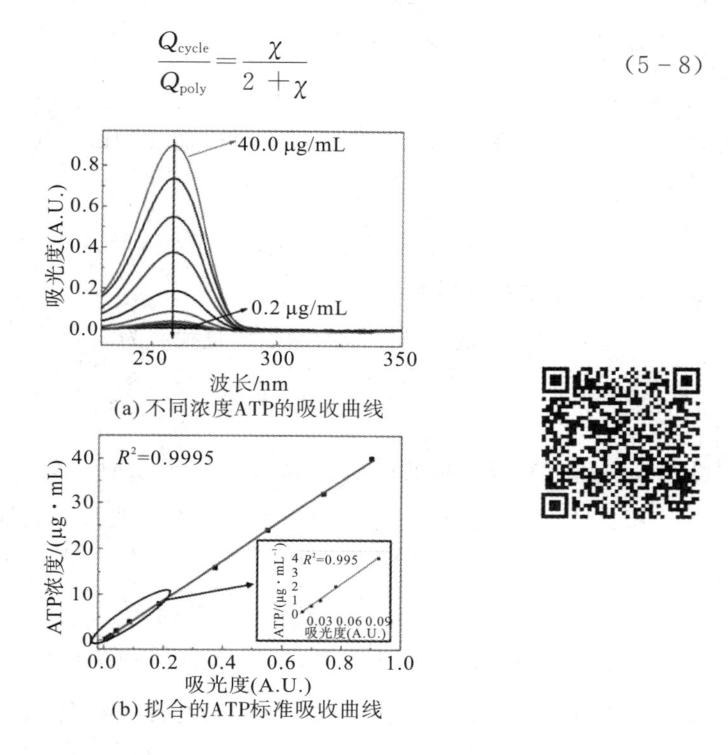

图 5－19　不同浓度 ATP 的吸收曲线和拟合的标准吸收曲线

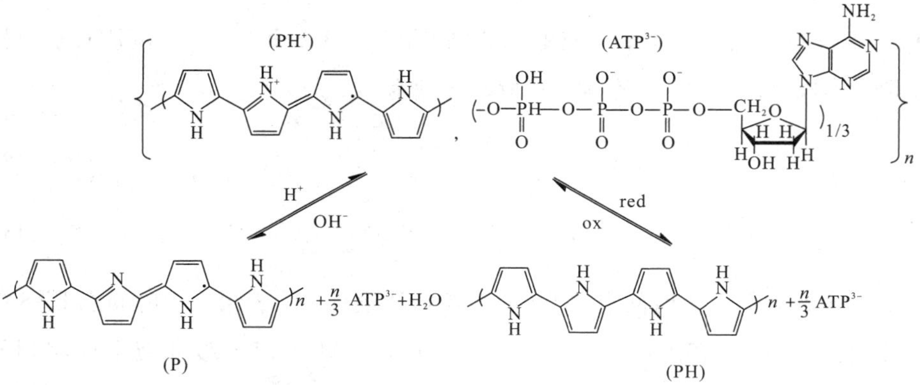

图 5－20　PPy－ATP 膜的氧化-还原反应式

其中，Q_{cycle}代表利用循环伏安法沉积聚吡咯膜时所释放出的电荷量，即释放药物 ATP 所带的电荷量；Q_{poly}代表吡咯聚合电荷量。聚合反应公式[124]：

$$[\mathrm{Py}\,(\mathrm{ATP}^{3-})_3]_n+\mathrm{Py}+3\mathrm{ATP}^{3-}\longrightarrow[\mathrm{Py}\,(\mathrm{ATP}^{3-})_3]_{n+1}+\mathrm{H}^+ +(2+3)\mathrm{e}^- \tag{5-9}$$

由式(5-9)可得出，每聚合 1 mol Py 需要 3 mol 电子。于是，整个聚合反应释放的电荷量 Q_{cycle} 与物质的量 n 之间关系为

$$Q_{cycle}=3nF \tag{5-10}$$

其中，F 代表法拉第常数。

反应物物质的量 n 与反应物摩尔质量关系为

$$n=\frac{m_{ATP}}{M_{ATP}} \tag{5-11}$$

其中，m_{ATP} 代表反应物的掺杂量(或称加载量)，M_{ATP} 代表反应物的摩尔质量。

根据式(5-8)～式(5-12)推导出药物的理论加载量计算公式如下：

$$m_{ATP}=\frac{Q_{poly}}{3F}\times\frac{\chi}{2+\chi}\times M_{ATP} \tag{5-12}$$

我们采用恒电流法进行电化学聚合 PPy-ATP 膜，聚合电流为 1 mA/cm^2，聚合时间为 120 s，则聚合过程中总电荷量 Q_{poly} 约为 120 mC，取 $\chi=0.27$，代入式(5-12)计算出 ATP 的理论加载量 $m_{ATP}=27\ \mu g$。

利用紫外-可见分光光度计测量释放液在 258 nm 处的吸光值，再通过 ATP 标准吸收曲线计算释放液中 ATP 的含量。第 n 个时间点 ATP 的累积释放量和不同时间点 ATP 的累积释放率分别为

$$M_k=m_k+\frac{V_{sample}}{V}\sum_{i=1}^{k-1}m_i \tag{5-13}$$

$$\varphi=\frac{M_k}{m_{ATP}}\times 100\% \tag{5-14}$$

其中，M_k 代表第 k 个时间点 ATP 的累积释放量；m_k 代表第 k 个时间点 PBS 缓冲液中检测到的 ATP 释放量；m_i 代表第 i 个时间点 PBS 缓冲液中检测到的 ATP 释放量；V_{sample} 代表取样体积；V 代表 PBS 缓冲液总体积；φ 代表 ATP 的累积释放率。

图 5-21(a)所示为药物芯片在 65 h 内自释放的累积释放率。结果表明电流密度为 1 mA/cm^2 条件下，药物自释放的累积释放率大致为 30%，并且释放

的趋势是先增加后平缓，随后又继续增加最后趋于平缓。最初，附着在膜表面的药物在溶液中通过扩散作用进行释放，表现出较快的释放速度，随着时间的推移，表面的药物分子释放完毕，近表面的药物分子需要时间慢慢地向表面移动，此时呈现出平缓的释放趋势。累积释放率在3 h附近的波动可能与水分子在聚合膜中的扩散有关。

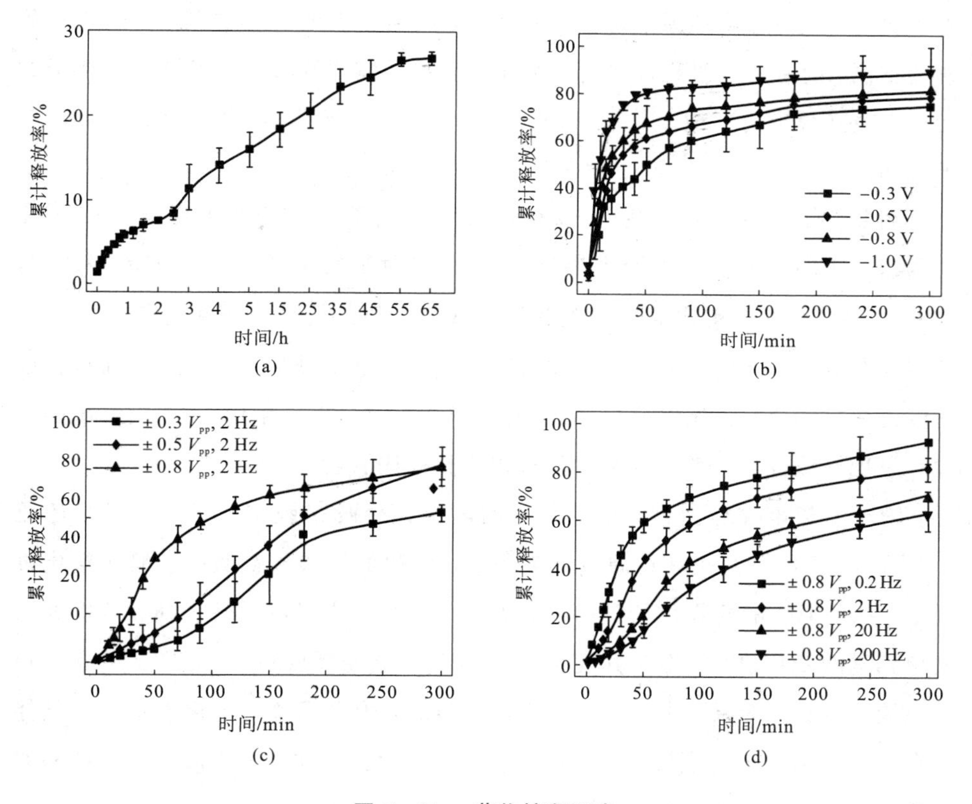

图 5 - 21　药物控释研究

(a) 自释放过程的累积释放率；(b) 不同直流电位下 ATP 的累积释放率；(c) 频率为 2 Hz，不同交流电位幅值下 ATP 的累积释放率；(d) 幅值为±0.8 V_{pp}，不同交流电压频率下 ATP 的累积释放率

图 5 - 21(b)所示为不同直流电位作用下 ATP 的累积释放率。在 5 h 释放时间内，−0.3 V 电位下实现 70%的累积释放率，−0.5 V 电位下实现 80%的释放率，−0.8 V 电位下累积释放率达 80%，−1.0 V 电位下能够释放 90%的

ATP。直流电位作用下，ATP的累积释放率平均达到80%。实验结果表明随着直流电位的增加，药物的累积释放率逐渐增加，达到饱和释放的时间逐渐缩短。具体来说，开始施加直流电位时，聚合物膜因具有导体特性而被快速还原。聚合物主链上的正电荷总量减少，与药物阴离子的静电相互作用力降低。电场促进膜中药物阴离子的迁移，净负电荷迫使药物阴离子从膜中释放，呈现出较快的释放速度。还原电位幅值越大，聚吡咯膜上的变化越剧烈，药物释放速度越快。随着释药过程的进行，聚合物膜由导体逐渐转变成绝缘体，离子的运动由电迁移变为扩散。因而，ATP的释放速度逐渐减小，累积释放率逐渐趋于饱和。

图5-21(c)为固定交流电压频率为2 Hz，采用不同交流电压幅值时ATP的累积释放率。实验结果表明，在±0.8 V_{pp}条件下实现了80%的累积释放率，在±0.5 V_{pp}条件下实现了80%的累积释放率，在±0.3 V_{pp}条件下实现了60%的累积释放率。此外，±0.8 V_{pp}和±0.5 V_{pp}条件下累积释放率相近，前者释放速度先快后慢，后者先慢后快。而±0.5 V_{pp}和±0.3 V_{pp}相比，二者的释放趋势大致呈现一致性，前者释放速度和累积释放率比后者大。

对于交流电控释而言，正负变化的电位让聚吡咯膜交替处于氧化、还原态。因而，药物阴离子在还原过程被释放，水化的阳离子被吸收。但在氧化过程中，部分释放的药物重新被掺杂。从图5-21(c)中可以观察到释放速度经历由快到慢的变化过程，但是其变化趋势与直流电控释放过程(见图5-21(b))存在较大差异。其原因可能是施加交流信号时，聚吡咯膜的电化学状态变化伴随有离子和水分子的频繁进出。聚合物膜的持续膨胀和收缩引起结构和体积的变化，进而影响药物的控释过程。

进一步研究在交流电压幅值为±0.8 V_{pp}，频率分别为0.2 Hz、2 Hz、20 Hz和200 Hz交流电压条件下的药物电控释过程。实验结果表明，在0.2 Hz频率下累积释放率能够达到90%，2 Hz频率下的累积释放率能够达到80%，20 Hz频率下的累积释放率大约为70%，而200 Hz频率下的累积释放率仅为63%。0.2 Hz和2 Hz频率下的释放趋势是一致的，释放速度均为先快后慢，前者释放速度和累积释放率比后者略高。20 Hz和200 Hz条件下的药物释放过程具有“S”型特征，这意味着电化学体系在 50～100 Hz 区间内药物释放速度更快。但总的来说，随着频率的增加，药物的释放速率减小，因而需要更长的时间去实现饱和释放。

2018 年 Achilleas 等[125]研究表明阳离子并非全部用来还原聚合物，其中一些离子在去掺杂的过程中会保留在薄膜中。2019 年 Savva 等[126]首次展现了水合掺杂离子对有机半导体的结构和传输性能的影响，Cendra 等[127]研究表明离子和水渗透到有机半导体中，对其结构和形态会产生不可逆的影响。综合上述研究报道，可对交流电条件下药物控释过程的物理图像进行一些推测：处于负半周期时，聚吡咯膜处于还原态，膜中的阴离子在电场作用下迁移释放出来，而溶液中的阳离子会被吸附到膜上，同时也会吸收水分子，这将引起聚合物膜体积膨胀，导致聚合物膜结构畸变，破坏电化学掺杂/去掺杂过程的可逆性；在正半周期时，聚吡咯膜处于氧化态，将部分阳离子和水排出的过程中，吸附溶液中的阴离子到其链上，同时伴随聚合物膜的体积收缩。但是，交流电药物控释呈现出不同于直流电条件下趋势的具体原因目前还不是很清晰，仍需进一步探索和研究。

参考文献

[1] YEN P Y, CHEN S, TU H L, et al. Epitaxial electrodeposition of cobalt on a Pt(111) electrode covered with a Cu(111) film. The Journal of Physical Chemistry C, 2011, 115 (48): 23802 - 23808.

[2] GOLAN Y, MARGULIS L, HODES G, et al. Electrodeposited quantum dots: II. High resolution electron microscopy of epitaxial CdSe nanocrystals on {111} gold. Surface Science, 1994, 311(1 - 2): L633 - L640.

[3] BEHAR D, RUBINSTEIN I, HODES G, et al. Electrodeposition of CdS quantum dots and their optoelectronic characterization photoelectrochemical and scanning probe spectroscopies. Superlattices & Microstructures,1999, 25(4): 601 - 613.

[4] YUVAL G, EVGENY T O, YISHAY M, et al. Electrodeposited quantum dots IV. Epitaxial short - range order in amorphous semiconductor nanostructures. Surface Science, 1996, 350 (1 - 3): 277 - 284.

[5] YAO J N, CHEN P, FUJISHIMA A. Electrochromic behavior of electrodeposited tungsten oxide thin films. Journal of Electroanalytical Chemistry, 1996, 406(1 - 2): 223 -226.

[6] FUJISHIMA A, HASHIMOTO K, WATANABE T. TiO_2 photocatalysis: Fundamentals and applications. Russian Journal of Electrochemistry, 1999, 35: 1137 - 1138.

[7] WANG Y, LIU P, ZENG B, et al. Facile synthesis of ultralong and thin copper nanowires and its application to high - performance flexible transparent conductive electrodes. Nanoscale Research Letters, 2018, 13 (1): 78 - 88.

[8] CHOI J, SAUER G, NIELSCH K, et al. Hexagonally arranged monodisperse silver nanowires with adjustable diameter and high aspect ratio. Chemistry of Materials, 2003, 15(3): 776.

[9] YANG M, QU F, LI Y, et al. Direct electrochemistry of hemoglobin in gold nanowire array. Biosensors & Bioelectronics, 2008, 23(3): 414 -420.

[10] WU B, BOLAND J J. Synthesis and dispersion of isolated high aspect ratio gold nanowires. Journal of Colloid and Interface Science, 2006, 303 (2): 611 - 616.

[11] MOHANTY U S. Electrodeposition: a versatile and inexpensive tool for the synthesis of nanoparticles, nanorods, nanowires, and nanoclusters of metals. Journal of Applied Electrochemistry, 2011, 41(3): 257 - 270.

[12] TAO F, GUAN M, JIANG Y, et al. An easy aay to construct an ordered array of nickel nanotubes: the triblock - copolymer - assisted hard - template method. Advanced Materials, 2006, 18 (16): 2161 - 2164.

[13] WANG Q, WANG G, XU B. Non - aqueous cathodic electrodeposition of large - scale uniform ZnO nanowire arrays embedded in anodic alumina membrane. Materials Letters, 2005, 59(11): 1378 - 1382.

[14] KATHIRVEL S, SU C, HSU C, et al. Effect of open - and close - ended TiO_2 nanotube arrays on transparent conducting substrates for dye - sensitized solar cells application. Journal of Nanoparticle Research, 2014.

[15] HU C H, CHANG K H, LIN M C, et al. Design and tailoring of the nanotubular arrayed architecture of hydrous RuO_2 for next genetation supecapacitors. Nano Letters, 2006(6): 1690 - 2695.

[16] MARTIN C R, DYKE L V, CAI Z, et al. Template synthesis of organic microtubules. Journal of the American Chemical Society, 1990, 112(24): 8976 - 8977.

[17] FISCHER B E, SPOHR R. Production and use of nuclear tracks: imprinting structure on solids. Reviews of Modern Physics, 1983, 55 (4): 907 - 948.

[18] DZIOMKINA N V, VANCSO G J. Colloidal crystal assembly on topologically

patterned templates. Soft Matter, 2005, 1 (4): 265 - 279.

[19] CHAI Y. Electrochemical deposition of nanomaterials templated from lyotropic liquid crystals. Progress in Chemistry - Beijing -, 2005, 17(3): 384 - 388.

[20] ROUTKEVITCH D, BIGIONI T, MOSKOVITS M, et al. Electrochemical fabrication of CdS nanowire arrays in porous anodic aluminum oxide templates. The Journal of Physical Chemistry B, 1996.

[21] DAVID J P, et al. Template growth of photoconductive metal - CdSe - metal nanowires. Journal of Physical Chemistry B, 106, (30,): 7458 - 7462, 2002.

[22] STRBAC S, BEHM R J, Crown A, et al. In situ STM imaging of spontaneously deposited ruthenium on Au(111). Surface Science, 2002, 517(1): 207 - 218.

[23] RA Y, LEE J, KIM I, et al. Preparation of Pt - Ru catalysts on Nafion(Na^+)-bonded carbon layer using galvanostatic pulse electrodeposition for proton - exchange membrane fuel cell. Journal of Power Sources, 2009, 187 (2): 363 - 370.

[24] BEWER T, BECKMANN T, DOHLE H, et al. Novel method for investigation of two - phase flow in liquid feed direct methanol fuel cells using an aqueous H_2O_2 solution. Journal of Power Sources, 2004, 125 (1): 1 - 9.

[25] SHIMIZU T, MOMMA T, MOHAMEDI M. Design and fabrication of pumpless small direct methanol fuel cells for portable applications. Journal of Power Sources, 2004, 137(2): 277 - 283.

[26] 王翠英，陈祖耀. 交流电沉积法制备金属氧化物纳米材料及形貌控制. 化学物理学报(英文版)，2001，(03)：350 - 354.

[27] CHENG C, GONELA R K, GU Q, et al. Self - assembly of metallic nanowires from aqueous solution. Nano Letters, 2005, 5 (1): 175 - 178.

[28] RANJAN N, MERTIG M, CUNIBERTI G, et al. Dielectrophoretic growth of metallic nanowires and microwires: theory and experiments. Langmuir the Acs Journal of Surfaces & Colloids, 2010, 26 (1): 552 - 559.

[29] RANJAN N, VINZELBERG H, MERTIG M. Growing one - dimensional metallic

nanowires by dielectrophoresis. Small, 2010, 2 (12): 1490 - 1496.

[30] TALUKDAR I, OZTURK B, FLANDERS B N, et al. Directed growth of single - crystal indium wires. Applied Physics Letters, 2006, 88 (22): 1082.

[31] OZTURK B, FLANDERS B N, GRISCHKOWSKY D R, et al. Single - step growth and low resistance interconnecting of gold nanowires. Nanotechnology, 2007, 18(17): 262 - 265.

[32] LU Y, JI H F. Electric field - directed assembly of gold and platinum nanowires from an electrolysis process. Electrochemistry Communications, 2008, 10 (2): 222 - 224.

[33] PANERU G, FLANDERS B N. Complete reconfiguration of dendritic gold. Nanoscale, 2013,6: 833 - 841.

[34] OZTURK B, TALUKDAR I, FLANDERS B N. Directed growth of diameter - tunable nanowires. Nanotechnology, 2007, 18 (36): 365302.

[35] THAPA P S, ACKERSON B J, GRISCHKOWSKY D R, et al. Directional growth of metallic and polymeric nanowires. Nanotechnology, 2009, 20 (23): 235307.

[36] ASBURY C L, DIERCKS A H, ENGH G. Trapping of DNA by dielectrophoresis. Electrophoresis, 2015, 23(16): 2658 - 2666.

[37] NEROWSKI A, POETSCHKE M, BOBETH M, et al. Dielectrophoretic growth of platinum nanowires: concentration and temperature dependence of the growth velocity. Langmuir, 2012, 28 (19): 7498 - 7504.

[38] KAWASAKI J K, ARNOLD C B. Synthesis of platinum dendrites and nanowires via directed electrochemical nanowire assembly. Nano Letters, 2011, 11 (2): 781.

[39] NEROWSKI A, OPITZ J, BARABAN L, et al. Bottom - up synthesis of ultrathin straight platinum nanowires: Electric field impact. Nano Research, 2013.

[40] POETSCHKE M, BOBETH M, CUNIBERTI G. Ion fluxes and electro - osmotic fluid flow in electrolytes around a metallic nanowire tip under large applied ac voltage. Langmuir, 2013, 29(36): 11525 - 11534.

[41] VETTER K J. Electrochemical kinetics: theoretical aspects[M]. Academic Press, 1967.

[42] DJOKIC S S. Electrodeposition: theory and practice[M]. Springer - Verlag New York, 2010.

[43] DAMJANOVIC A, PAUNOVIC M, BOCKRIS J O. The mechanism of step propagation and pyramid formation on the (100) plane of copper from in situ nomarski - optical studies. Journal of Electroanalytical Chemistry, 1965, 9 (2): 93 - 111.

[44] WATANABE T. Nano plating - microstructure formation theory of plated films and a database of plated films[M]. Elsevier Science, 2004.

[45] VETTER K J. Electrochemical kinetics: theoretical and experimental aspects [M]. Academic Press, 1967.

[46] NIKOLI N D, PAVLOVI L J, PAVLOVI M G, et al. Formation of dish - like holes and a channel structure in electrodeposition of copper under hydrogen co - deposition " Electrochimica Acta, 2007, 52 (28): 8096 - 8104.

[47] ZHANG M, ZHOU Z, YANG X, et al. Pinning of single - walled carbon nanotubes by selective electrodeposition. Electrochemistry Communications, 2008, 10 (10): 1559 - 1562.

[48] HAMANN C H, HAMNETT A, VIELSTICH W. Electrochemistry[M]. Wiley - Vch, 2007.

[49] JIE W. Biased AC electro - osmosis for on - chip bioparticle processing. IEEE Transactions on Nanotechnology, 2006, 5(2): 84 - 89.

[50] BAZANT M Z, THORNTON K, AJDARI A. Diffuse - charge dynamics in electrochemical systems. Physical Review E, 2004, 70 (2 Pt 1): 021506.

[51] Reversible dissolution/deposition of gold in iodine - iodide - acetonitrile systems. Chemical Communications, 1996.

[52] GONZÁLEZ A, RAMOS A, GREEN N G, et al. Fluid flow induced by nonuniform ac electric fields in electrolytes on microelectrodes. II. A linear double - layer analysis. Physical review. E, Statistical physics, plasmas, fluids, and related interdisciplinary topics, 2000, 61 (4 Pt B): 4019 - 4028.

[53] HUANG J, VONGEHR S, TANG S, et al. Ag dendrite - based Au/Ag bimetallic

nanostructures with strongly enhanced catalytic activity. Langmuir, 2009, 25 (19): 11890 - 11896.

[54] CHANDRA A, BAGCHI B. Frequency dependence of ionic conductivity of electrolyte solutions. Journal of Chemical Physics, 2000, 112 (4): 1876 - 1886.

[55] SHI H, LIU C, JIANG Q, et al. Effective approaches to improve the electrical conductivity of PEDOT: PSS: A review. Advanced Electronic Materials, 2015, 1 (4): 0282 - 0282.

[56] TAMBURRI E, GUGLIELMOTTI V, ORLANDUCCI, et al. Structure and I_2/I^- redox catalytic behaviour of PEDOT - PSS films electropolymerized in aqueous medium: Implications for convenient counter electrodes in DSSC. Inorganica Chimica Acta, 2011, 377 (1): 170 - 176.

[57] SCHAARSCHMIDT A, FARAH A A, ABY A, et al. Influence of nonadiabatic annealing on the morphology and molecular structure of PEDOT - PSS films. Journal of Physical Chemistry B, 2009, 113 (28): 9352 - 9355.

[58] TAMBURR E, ORLANDUCCI I S, TOSCHI F, et al. Growth mechanisms, morphology, and electroactivity of PEDOT layers produced by electrochemical routes in aqueous medium. Synthetic Metals, 2009, 159 (5 - 6): 406 - 414.

[59] DU X, WANG Z. Effects of polymerization potential on the properties of electrosynthesized PEDOT films. Electrochimica Acta, 2003, 48(12): 1713 - 1717.

[60] RANDRIAMAHAZAKA H, VINCENT N, CHEVROT C. Nucleation and growth of poly(3,4 - ethylenedioxythiophene) in acetonitrile on platinum under potentiostatic conditions. Journal of Electroanalytical Chemistry, 1999, 476 (2): 103 - 111.

[61] ORLIN S G, VELEV O D, PETSEV D N. Particle - localized AC and DC manipulation and electrokinetics. Annual Reports on the progress of Chemistry, C, 2009, 105(1): 213 - 246.

[62] VELEV O D, BHATT K H. On - chip micromanipulation and assembly of colloidal particles by electric fields. Soft Matter, 2006, 2 (9): 738 - 750.

[63] VELEV O D. Assembly of electrically functional microstructures from colloidal particles. Colloids and Colloid Assemblies：Synthesis，Modification，Organization and Utilization of Colloid Particles，2004.

[64] JONES T B. Electromechanics of particles[M]. Cambridge University Press，1995.

[65] DU Y，CUI X，LI L，et al. Dielectric Properties of DMSO - Doped - PEDOT：PSS at THz Frequencies. physica status solidi (b)，2018：1700547.

[66] RANDRIAMAHAZAKA H. Electrodeposition Mechanisms and Electrochemical Behavior of Poly(3，4 - ethylenedithiathiophene). Journal of Physical Chemistry C，2007,111 (12)：4553 - 4560.

[67] FLEISCHMANN M，GHOROGHCHIAN J，ROLISON D，et al. Electrochemical behavior of dispersions of spherical ultramicroelectrodes. The Journal of Physical Chemistry B，1986，90(23)：6392 - 6400.

[68] KARIMIAN N，HASHEMI P，AFKHAMI A，et al. The principles of bipolar electrochemistry and its electroanalysis applications. Current Opinion in Electrochemistry，2019，17：30 - 37.

[69] ARORA A，EIJKEL J，MORF W E，et al. A wireless electrochemiluminescence detector applied to direct and indirect Detection for electrophoresis on a microfabricated glass device. Analytical Chemistry，2001，73(14)：3282 - 3288.

[70] KARIMIAN N，HASHEMI P，AFKHAMI A，et al. The principles of bipolar electrochemistry and its electroanalysis applications. Current Opinion in Electrochemistry，2019，17：30 - 37.

[71] GUERRETTE J P，OJA S M，ZHANG B. Coupled electrochemical reactions at bipolar microelectrodes and nanoelectrodes. Analytical Chemistry，2012，84(3)：1609 - 1616.

[72] KOIZUMI Y，SHIDA N，OHIRA M，et al. Electropolymerization on wireless electrodes towards conducting polymer microfibre networks. Nature Communication，2016，7：10404.

[73] WATANABE T，OHIRA M，KOIZUMI Y，et al. In - plane growth of poly(3，4 -

ethylenedioxythiophene) films on a substrate et al. Surface by Bipolar Electropolymerization. ACS Macro Letters, 2018: 551 - 555.

[74] SHIDA N, INAGI S. Bipolar electrochemistry in synergy with electrophoresis: electric field - driven electrosynthesis of anisotropic polymeric materials. Chemical Communications, 2020, 92.

[75] JI J, LI M, CHEN Z, et al. In situ fabrication of organic electrochemical transistors on a microfluidic chip. Nano Research, 2019.

[76] 李芒芒. PEDOT 交流电沉积制备及其物质输运机理. 太原理工大学, 2019.

[77] ORAZEM M E, Tribollet B. Electrochemical impedance spectroscopy[M]. John Wiley & Sons, Inc. , 2008.

[78] BRUG G J, EEDEN A, SLUYTERS - REHBACH M, et al. The analysis of electrode impedances complicated by the presence of a constant phase element. Journal of Electroanalytical Chemistry, 1984, 176 (1 - 2): 275 - 295,.

[79] HSU C H, MANSFELD F. Technical note: concerning the conversion of the constant phase element parameter Y0 into a capacitance. Corrosion - Houston Tx -, 2012, 57 (9): 747 - 748.

[80] HUANG M W, VIVIER V, ORAZEM M E, et al. The apparent constant - phase - element behavior of a disk electrode with faradaic reactions a global and local impedance analysis. Journal of The Electrochemical Society, 2007, 154 (2): C99 - C107.

[81] LI M, ANAND R K. High - throughput selective capture of single circulating tumor cells by dielectrophoresis at a wireless electrode array. Journal of the American Chemical Society, 2017, 139(26): 8950 - 8959.

[82] COLBY R H, BORIS D C, KRAUSE W E, et al. Polyelectrolyte conductivity. Journal of Polymer Science Part B: Polymer Physics, 1997, 35(17): 2951 - 2960.

[83] XING H, ZHANG X, ZHAI Q, et al. Bipolar electrode based reversible fluorescence switch using prussian Blue/Au nanoclusters nanocomposite Film. Analytical Chemistry, 2017, 89 (7): 3867 - 3872.

[84] CHUM H L, KOCH V R, OSTERYONG R A, et al. Electrochemical scrutiny of organometallic iron complexes and hexamethylbenzene in a room temperature molten salt. Journal of the American Chemical Society, 1975, 97 (11): 3264 - 3265.

[85] WILKES J S, ZAWOROTKO M J. Air and water stable 1 - ethyl - 3 - methylimidazolium based ionic liquids. Journal of the Chemical Society, 1992, 23(43): 965 - 967.

[86] BONHOTE P. Hydrophobic, highly conductive ambient - temperature molten salts. Inorg. Chem, 1996,35: 1168 - 1178.

[87] ER H, Y XU, ZHAO H. Properties of mono - protic ionic liquids composed of hexylammonium and hexylethylenediaminium cations with trifluoroacetate and bis (trifluoromethylsulfonyl) imide anions. Journal of Molecular Liquids, 2018, 276: 379 - 384.

[88] 刘铮，刘燃，冀健龙，等. 水分含量对正己胺- Tf2N 型质子化离子液体物理化学性质的影响. 化工进展，2021, 40 (4): 2270 - 2277.

[89] JI J, ZHU X, LI M, et al. AC electrodeposition of PEDOT films in protic ionic liquids for long - term stable organic electrochemical transistors. Molecules, 2019, 24 (22): 4105 - 4113.

[90] ER H, XU Y, ZHAO H. Properties of mono - protic ionic liquids composed of hexylammonium and hexylethylenediaminium cations with trifluoroacetate and bis (trifluoromethylsulfonyl) imide anions. Journal of Molecular Liquids, 2019, 276: 379 - 384.

[91] CASTAGNOLA V, BAYON C, DESCAMPS E, et al. Morphology and conductivity of PEDOT layers produced by different electrochemical routes. Synthetic Metals, 2014, 189: 7 - 16.

[92] HEINZE J, RASCHE A, PAGELS M, et al. On the origin of the so - Called nucleation loop during electropolymerization of conducting polymers. journal of physical chemistry b, 2007, 111 (5): 989 - 997.

[93] HEINZE J, FRONTANA - URIBE B A, LUDWIGS S. Electrochemistry of conducting

polymers - persistent models and new concepts. Chemical Reviews, 2010, 110 (8): 4724 - 4771.

[94] PATRA S, BARAI K, Munichandraiah N. Scanning electron microscopy studies of PEDOT prepared by various electrochemical routes. Synthetic Metals, 2008, 158(10): 430 - 435.

[95] LUO X, CUI X T. Electrochemical deposition of conducting polymer coatings on magnesium surfaces in ionic liquid. Acta Biomaterialia, 2011, 7 (1): 441 - 446.

[96] FAN X, NIE W, TSAI H, et al. PEDOT: PSS for flexible and stretchable electronics: modifications, strategies and applications. Advanced ence, 2019, 6 (19): 1900813.

[97] LIN P, LUO X, HSING I M, et al. Organic electrochemical transistors integrated in flexible microfluidic systems and used for label - free DNA sensing. Advanced Materials, 2011, 23: 4035 - 4040.

[98] KHODAGHOLY D, et al. Organic electrochemical transistor incorporating an ionogel as a solid state electrolyte for lactate sensing. Journal of Materials Chemistry, 2012, 22 (10): 4440 - 4443.

[99] CURTO V F, et al. Organic transistor platform with integrated microfluidics for in - line multi - parametric in vitro cell monitoring. Microsystems & Nanoengineering, 2017, 3: 17028.

[100] RIVNAY J, INAL S, SALLEO A, et al. Organic electrochemical transistors. Nature Reviews Materials, 2018, 3: 17086.

[101] BERNARDS D A, MALLIARAS G G. Steady - State and Transient Behavior of Organic Electrochemical Transistors. Advanced Functional Materials, 2007, 17 (17): 3538 - 3544.

[102] FRIEDLEIN J T, DONAHUE M J, SHAHEEN S E, et al. Microsecond response in organic electrochemical transistors: exceeding the ionic speed limit. Advanced Materials, 2016, 28(38): 8398 - 8404.

[103] BIDOKY F Z, FRISBIE C D. Parasitic capacitance effect on dynamic performance of

aerosol - jet printed sub - 2 V Poly(3 - hexylthiophene) electrolyte - gated transistors. ACS Applied Materials & Interfaces, 2016, 8 (40): 27012 - 27017.

[104] RAMAN C V. A new radiation. Proceedings of the Indian Academy of Sciences - Section A, 1953, 37 (3): 333 - 341.

[105] FLEISCHMANN M P, HENDRA P J, MCQUILLAN A J. Raman spectra of pyridine adsorbed at a silver electrode. Chemical Physics Letters, 1974, 26 (2): 163 - 166.

[106] GERSTEN J, NITZAN A. Electromagnetic theory of enhanced raman scattering by molecules adsorbed on rough surfaces. Journal of Chemical Physics, 1980, 73 (7): 3023 - 3037.

[107] GERSTEN AND JOEL. Spectroscopic properties of molecules interacting with small dielectric particles. Journal of Chemical Physics, 1981, 75 (3): 1139 - 1152.

[108] KERKER M, WANG D S, CHEW H. Surface enhanced raman scattering (SERS) by molecules adsorbed at spherical particles: errata. Appl Opt, 1980, 19(24): 4159 - 4174.

[109] MO Y, MÖRKE I, WACHTER P. Surface enhanced raman scattering of pyridine on silver surfaces of different roughness. Surface Science, 1983, 133(1): L452 - L458.

[110] MO Y, MÖRKE I, WACHTER P. The influence of surface roughness on the raman scattering of pyridine on copper and silver surfaces. Solid State Communications, 1984, 50 (9): 829 - 832.

[111] SHLOMO, EFRIMA, HORIA, et al. Classical theory of light scattering by an adsorbed molecule. I. Theory. The Journal of Chemical Physics, 1979, 70(4): 1602 - 1602.

[112] KUDELSKI A, BUKOWSKA J. The chemical effect in surface enhanced Raman scattering (SERS) for piperidine adsorbed on a silver electrode. Surface Science, 1996, 368 (1 - 3): 396 - 400.

[113] LOMBARDI J R, BIRKE R L. The theory of surface - enhanced Raman scattering. The Journal of Chemical Physics, 2012, 136 (14): 144704.

[114] ADRIAN, FRANK J. Charge transfer effects in surface - enhanced Raman scatteringa).

Journal of Chemical Physics, 1982, 77 (11): 5302 - 5314.

[115] GUTÉS A, MABOUDIAN R, CARRARO, et al. Gold - coated silver dendrites as SERS substrates with an improved lifetime. Langmuir, 2012, 28 (51): 17846 - 17850.

[116] KOUTSOURAS D, GKOUPIDENIS P, STOLZ C, et al. Impedance spectroscopy of spin - cast and electrochemically deposited PEDOT: PSS films on microfabricated electrodes with various areas. Solid State Communications, 2017,4(9): 2321 - 2327.

[117] BALINT R, CASSIDY N J, CARTMELL S H. Conductive polymers: Towards a smart biomaterial for tissue engineering. Acta Biomaterialia, 2014, 10 (6): 2341 - 2353.

[118] RU X, WEI S, XIANG H, et al. Synthesis of polypyrrole nanowire network with high adenosine triphosphate release efficiency. Electrochimica Acta, 2011, 56 (27): 9887 - 9892.

[119] UPPALAPATI D, BOYD B J, GARG S, et al. Conducting polymers with defined micro - or nanostructures for drug delivery. Biomaterials, 2016: 149 - 162.

[120] TAUNK M, CHAND S. Chemical synthesis and charge transport mechanism in solution processed flexible polypyrrole films. Materials Science in Semiconductor Processing, 2015, 39: 659 - 664.

[121] PATTANANUWAT P, AHT - ONG D. Controllable morphology of polypyrrole wrapped graphene hydrogel framework composites via cyclic voltammetry with aiding of poly (sodium 4 - styrene sulfonate) for the flexible supercapacitor electrode. Electrochimica Acta, 2017, 224: 149 - 160.

[122] JIANG S, SUN Y, CUI X, et al. Enhanced drug loading capacity of polypyrrole nanowire network for controlled drug release. Synthetic Metals, 2013, 163: 19 - 23.

[123] PYO M, REYNOLDS J R. Electrochemically stimulated adenosine 5′- triphosphate (ATP) release through redox switching of conducting polypyrrole films and bilayers. Chemistry of Materials, 1996, 8 (1): 128 - 133.

[124] GE D, TIAN X, QI R, et al. A polypyrrole - based microchip for controlled drug release. Electrochimica Acta, 2009, 55 (1): 271 - 275.

[125] ACHILLEAS S, SHOFARUL W, SAHIKA I. Ionic - to - electronic coupling efficiency in PEDOT：PSS films operated in aqueous electrolytes. Journal of Materials Chemistry C，2018，6 (44)：12023 - 12030.

[126] SAVVA A，CENDRA C，GIUGNI A，et al. The Influence of Water on the Performance of Organic Electrochemical Transistors. Chemistry of Materials，2019，31(3)：927 - 937.

[127] CENDRA C，GIOVANNITTI A，SAVVA A，et al. Role of the anion on the transport and structure of organic mixed conductors. Advanced Functional Materials，2019，29 (5)：1807034.